Sergio Palumbo

Progettare Database

Modelli, metodologie e tecniche per l'analisi e la progettazione di basi di dati relazionali

Progettare Database

Modelli, metodologie e tecniche per l'analisi e la progettazione di basi di dati relazionali

Autore: Sergio Palumbo

ISBN 9798640881639

Prima edizione Gennaio 2009

Seconda edizione Maggio 2020

Terza edizione Aprile 2024

Realizzazione editoriale, impaginazione, copertina e progetto grafico a cura di Sergio Palumbo

E-mail: info@sepanet.it

Computers are incredibly fast, accurate and stupid. Human beings are incredibly slow, inaccurate and brilliant. Together they are powerful beyond imagination.

(Albert Einstein)

Sommario

Indice delle figure

La progettazione dei database

Il ciclo di vita dei sistemi informativi; la metodologia proposta; l'importanza della fase di progettazione.

La progettazione di un database è una fase cruciale nell'ambito della realizzazione di un sistema informativo. É la fase in cui si gettano le fondamenta per la costruzione delle strutture che ospiteranno il più importante *asset* del sistema: le informazioni. L'oculata progettazione delle strutture dati è fondamentale per la buona riuscita di un progetto di realizzazione di un sistema informativo: le applicazioni che si andranno a realizzare potranno trarre beneficio da strutture ben congegnate, così come potrebbero essere fatalmente inficiate negativamente da strutture realizzate frettolosamente, trascurando l'importanza della fase di progettazione dei dati. In questo volume illustreremo ed approfondiremo i modelli, le metodologie e le tecniche per l'analisi e la progettazione di basi di dati relazionali.

Il ciclo di vita dei sistemi informativi

La fase di progettazione di un database si colloca all'interno di un processo più ampio, ovvero il *ciclo di vita* di un sistema informativo. Tale processo è composto da tutte le fasi attraversate da un sistema informativo, a partire dalla sua concezione fino al suo esercizio ed alla sua gestione e manutenzione. In letteratura sono stati proposti diversi modelli di ciclo di vita, tuttavia è possibile, in generale, identificare le seguenti fasi:

- **Studio di fattibilità:** consiste nell'analisi e nella valutazione dei costi e dei benefici relativi alla realizzazione del sistema informativo e delle possibili alternative per la sua realizzazione;

- **Analisi dei requisiti:** tipicamente suddivisa in due fasi (raccolta dei requisiti ed analisi degli stessi), ha lo scopo di raccogliere i requisiti utente (ad esempio tramite interviste, analisi di eventuali sistemi *legacy,* studio di normative, raccolta di documentazione esistente, etc.) e della loro descrizione in un documento quanto più privo di ambiguità è possibile (*documento di specifica dei requisiti*), anche tramite l'utilizzo di notazioni visuali (ad esempio *Use Case Diagrams*). Vengono pertanto analizzate e descritte le funzionalità che dovrà avere il sistema informativo (*cosa* deve fare). In tale fase vengono anche acquisiti ed analizzati gli eventuali vincoli esistenti nel dominio applicativo, anche in termini di hardware e di software;

- **Progettazione:** la fase di progettazione, a partire dalla specifica di *cosa* deve fare il sistema informativo, deve dare indicazioni sul *come* debba farlo. Questa fase può essere suddivisa in due parti: la *progettazione dei dati* e la *progettazione del software applicativo*. Durante la prima fase (di cui si occupa questo libro), vengono progettate le strutture dati sulle quali operano le applicazioni del sistema informativo. La seconda fase, invece, prevede la progettazione delle applicazioni del sistema informativo;

- **Implementazione:** è la fase di realizzazione vera e propria del sistema informativo. Tale fase, a partire dalle specifiche progettuali, prevede la creazione del database e lo sviluppo del software applicativo;

- **Testing, validazione e collaudo:** queste fasi prevedono il testing delle applicazioni realizzate, a diverso livello (testing di unità, testing funzionale, etc.), nonché la validazione da parte del committente del sistema realizzato. La fase di validazione può prevedere anche una fase di *pre-esercizio*, durante la quale, prima del collaudo finale, viene simulato l'esercizio del sistema informativo mantenendo, in parallelo, le procedure preesistenti. In tal modo il sistema può essere affinato e possono essere eliminate eventuali anomalie prima dell'effettiva entrata in esercizio definitiva del sistema. Infine, la fase di collaudo prevede l'accettazione formale e definitiva del sistema informativo da parte del committente.

- **Esercizio:** è la fase in cui il sistema informativo opera a regime e viene correntemente utilizzato. Durante questa fase viene anche eseguita la gestione e la manutenzione del sistema.

Le fasi sopra descritte non sono da intendersi strettamente sequenziali: spesso è necessario tornare da una fase a fasi precedenti poiché ci si accorge di errori o di omissioni compiute nelle fasi a monte. Sarebbe auspicabile dover ritornare al più alla fase direttamente precedente: quanto più tardi ci si accorge di un errore, tanto più aumenta il costo per rimettere le cose a posto.

Le fasi del ciclo di vita possono anche essere ripetute ciclicamente, come avviene, ad esempio, per le metodologie prototipali ed incrementali. Le metodologie prototipali, difatti, prevedono la realizzazione "veloce" di prototipi delle applicazioni del sistema informativo, in modo da sottoporli quanto prima al committente per aggiustare il tiro su eventuali errori o mancanze in fase di analisi dei requisiti e farli, di conseguenza, evolvere verso le applicazioni definitive; le metodologie incrementali prevedono, invece, la suddivisione degli applicativi del sistema informativo in più funzionalità a cui viene assegnata una priorità di realizzazione, andando ad implementare le diverse funzionalità secondo le priorità prefissate.

Questo libro si concentra sulla prima delle due fasi progettuali dei sistemi informativi: la progettazione delle basi di dati. È una fase cruciale dell'intero processo: la maggior parte dei sistemi informativi è difatti *datacentrica* ed una corretta strutturazione dei dati è alla base della buona riuscita di un progetto.

Purtroppo, proprio questa fase così cruciale viene spesso sottovalutata dalle software house. Si tende, difatti, a inglobare questa fase in quella della progettazione delle applicazioni, se non addirittura direttamente nella fase di implementazione, delegando fin troppo spesso agli sviluppatori la strutturazione delle basi dati.

La metodologia proposta

La metodologia di progettazione dei dati illustrata in questo libro è suddivisa nelle seguenti fasi:

- Progettazione concettuale;

- Progettazione logica;

- Progettazione fisica.

Scopo della progettazione concettuale è quello di rappresentare i requisiti utente ed i concetti presenti nel dominio applicativo interessanti ai fini dell'applicazione attraverso una descrizione formale e completa, detta *schema concettuale.* Nel prosieguo del libro verrà illustrato il *modello Entità-Relazioni* attraverso il quale è possibile formalizzare, attraverso diagrammi, il contenuto informativo del dominio applicativo. La fase di progettazione concettuale ha come output, come detto, uno schema concettuale: una rappresentazione astratta dei dati da informatizzare che prescinde dall'effettiva implementazione della base dati. Lo scopo è, principalmente, quello di fissare i concetti, i fatti ed i vincoli esistenti nel dominio applicativo che si deve informatizzare.

Scopo della progettazione logica è quello di trasformare i concetti in strutture di tabelle, ricavando, a partire dallo schema concettuale, lo schema logico dei dati, ovvero la descrizione delle strutture dati che costituiranno il database, indipendentemente dalla specifica tecnologia che verrà impiegata, ma tenendo ben presente la tipologia di sistema di gestione di database (*Database Management System, DBMS*) che verrà utilizzato. Nel nostro caso, ci riferiremo a *RDBMS*, ossia DBMS *relazionali*, la tecnologia più utilizzata per la gestione dei dati. La progettazione logica prescinde, in ogni caso, dal particolare DBMS utilizzato e consente, pertanto, di astrarsi dai tecnicismi legati alla specifica tecnologia.

Scopo della progettazione fisica è quello di produrre, a partire dalla progettazione logica, lo specifico codice *DDL (Data Definition*

Language) per la creazione delle tabelle e dei relativi vincoli intrarelazionali ed interrelazionali sulle stesse. Come si potrà intuire, tale processo è fortemente dipendente dallo specifico DBMS utilizzato. Difatti, durante tale fase del processo di progettazione, vengono decisi e specificati dettagli implementativi quali le modalità d'impiego delle memorie di massa, nonché i diversi accorgimenti da utilizzare per ottimizzare gli accessi alle strutture dati del database (ad esempio indici e partizionamenti).

L'importanza della fase di progettazione

Per meglio comprendere l'importanza della fase di progettazione di un database nell'ambito del ciclo di vita di un sistema informativo conviene fare un'analogia con il processo di costruzione di una casa.

Supponiamo che qualcuno voglia costruire una casa dove andare a vivere. Inizialmente, tutto ciò che c'è della casa è l'idea della stessa, che si trova solo nelle menti dei futuri abitatori. È, sicuramente, un'idea molto confusa, un'intenzione, una volontà, magari un sogno, e sicuramente ognuno dei futuri abitatori ha un'idea diversa e vorrebbe cose diverse dalla casa dei suoi sogni. Alcune delle loro idee potrebbero essere contraddittorie o perfino non essere praticamente fattibili: ciò che è possibile nel mondo dei sogni non è sempre possibile nel mondo reale. Un costruttore di case non può certo partire da queste idee confuse e contraddittorie per iniziare la costruzione di una casa: ha bisogno di una pianificazione delle attività, del disegno tecnico della casa, delle dimensioni di ciascun elemento da costruire, di sapere quali materiali utilizzare e tante altre cose ancora. Manca, cioè, il *progetto* della casa. Il progettista è, pertanto, l'intermediario tra il committente ed il costruttore ed il suo compito è quello di tradurre le idee in modelli sulla base dei quali poter discutere, analizzare, consigliare, descrivendo e documentando le scelte progettuali.

Nella fase preliminare il progettista avrà diversi colloqui con il committente durante i quali chiederà chiarimenti circa le necessità primarie del cliente e il committente stesso si chiarirà le idee sulle sue reali necessità, comunicandole in maniera meno confusa e più precisa al progettista. Questa fase è paragonabile, nel mondo dei database, a quella della raccolta ed analisi dei requisiti utente.

È palese che il progettista non potrà passare direttamente dalla fase di comprensione delle idee e dei sogni dei committenti ad un progetto ben definito in tutti i suoi dettagli, ma sicuramente proporrà ai committenti, all'inizio, solo gli schizzi della loro futura casa, poiché grazie a questi potrà verificare se ha ben compreso le loro esigenze o se vi sono ancora dettagli da correggere, aggiungere o semplicemente migliorare. Nel mondo dei database, gli schizzi sono lo schema concettuale dei dati e questa fase si dice progettazione concettuale.

Finita questa fase, il progettista passerà al disegno tecnico della casa, redigendo tutti gli elaborati grafici necessari a definire tutti i dettagli e le dimensioni precise di tutti i vari elementi da costruire. Nel mondo dei database, il disegno tecnico è lo schema logico dei dati e questa fase si dice progettazione logica.

Successivamente, si passerà alla redazione del progetto definitivo: gli elaborati grafici diventeranno più dettagliati, si eseguiranno i calcoli preliminari delle strutture e degli impianti, si arriverà a decidere quali materiali utilizzare e quali tecniche costruttive adottare. Nel mondo dei database, questa fase si dice progettazione fisica.

A questo punto, sarà possibile costruire la casa. Ed anche il database.

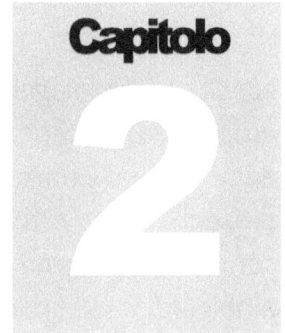

Capitolo

2

La progettazione concettuale

*Il modello Entità/Relazioni; altre notazioni;
documentazione di uno schema E/R; un esempio
di progettazione concettuale.*

La fase di raccolta ed analisi dei requisiti ha come scopo primario quello di capire *cosa* la nostra applicazione debba fare e quali siano i dati esistenti nel dominio applicativo che dobbiamo informatizzare. Quel che ne risulta è un documento di specifica dei requisiti, scritto in linguaggio naturale, con al più diagrammi dei casi d'uso e la relativa descrizione.

La fase di progettazione concettuale di un database ha come scopo primario quello di descrivere in modo formale, mediante l'utilizzo di diagrammi visuali opportunamente documentati, il contenuto informativo del dominio applicativo. Questa fase, spesso sottovalutata, è invece molto importante, poiché consente al progettista di concentrarsi sugli aspetti puramente informativi del dominio applicativo, senza pensare né alle strutture mediante le quali si strutureranno i dati delle applicazioni, né tanto meno alla specifica tecnologia che verrà adottata per l'implementazione. Il progettista, soffermandosi esclusivamente sulla comprensione del dominio applicativo e sulla formalizzazione dei concetti in esso presenti, grazie alla fase di progettazione concettuale può evitare di commettere errori o omissioni causate da incomprensioni, ambiguità o imprecisioni dei requisiti utente, che si ripercuoterebbero sulle successive fasi del ciclo di vita con un maggior impatto sui costi del progetto.

Il prodotto di questa fase è uno *schema concettuale* della base dati, opportunamente documentato, che consente di:

- Descrivere formalmente e precisamente il contenuto informativo del dominio applicativo;

- Avere un secondo momento di confronto con il committente durante il quale si potranno validare i requisiti utente;

- Facilitare il confronto e la discussione tra i progettisti;

- Prevenire errori, incomprensioni ed omissioni;

- Documentare il database consentendo ai suoi utilizzatori (ad esempio gli sviluppatori delle applicazioni del sistema informativo) di capirne a vista d'occhio la struttura.

Il modello Entità/Relazioni

Il modello Entità/Relazioni (nel seguito: *modello E/R*) è un linguaggio visuale per la schematizzazione del modello concettuale di un database. Il modello E/R offre al progettista un insieme di costrutti finalizzati alla rappresentazione astratta dei concetti presenti nel dominio applicativo che si intende informatizzare. Tale rappresentazione, ottenuta utilizzando e connettendo in modo opportuno i costrutti offerti dal modello, viene detta *diagramma E/R*.

Essendo una fase della progettazione concettuale, gli input necessari per la realizzazione di un diagramma E/R sono, essenzialmente, i requisiti raccolti durante la fase di analisi dei requisiti.

L'origine del modello E/R è da ricondursi al 1976, con la prima proposta di Peter Chen, della quale sono poi state formulate diverse varianti.

In questo testo viene utilizzata, principalmente, una variante del modello originario di Chen, ma verranno illustrate anche altre notazioni.

I costrutti offerti dal modello E/R sono i seguenti:

- Entità;
- Relazioni;
- Attributi:
  - Semplici;
  - Composti;
  - Derivati;
- Cardinalità:
  - Di relazione;
  - Di attributo;
- Chiavi;
- Generalizzazione/Specializzazione (gerarchia IsA).

Di seguito vengono illustrati i singoli costrutti.

Entità

Un'entità rappresenta una classe di elementi che hanno un'esistenza autonoma nel dominio applicativo. Si pensi, ad esempio, a classi di persone, di cose o di fatti che esistono nel dominio applicativo indipendentemente dall'esistenza di altri oggetti.

In un database per la gestione degli esami universitari, si può pensare ad entità come STUDENTE, PROFESSORE, INSEGNAMENTO, CORSO DI LAUREA, etc.

Ogni istanza della classe si dice *occorrenza* dell'entità: ad esempio, *Sistemi Informativi* e *Scienza delle costruzioni* potrebbero essere delle occorrenze dell'entità INSEGNAMENTO, mentre *Ingegneria informatica* ed *Economia aziendale* potrebbero essere delle occorrenze dell'entità CORSO DI LAUREA.

Nel modello E/R un'entità viene schematizzata con un rettangolo all'interno del quale viene scritto il nome dell'entità stessa, come mostrato in Figura 1.

Generalmente il nome di un'entità è un sostantivo singolare e, in caso di possibile declinazione al maschile o al femminile, è convenzione usare il maschile.

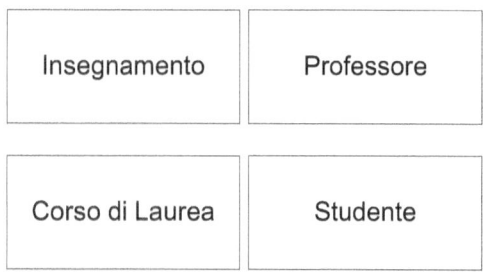

Figura 1: Esempi di entità

Relazioni

Una relazione rappresenta un legame tra due o più entità esistente nel dominio applicativo ed interessante ai fini delle applicazioni. Sempre pensando al database di un'università, si può pensare alla relazione ESAME esistente tra l'entità STUDENTE e l'entità INSEGNAMENTO, oppure alla relazione DOCENZA esistente tra l'entità PROFESSORE e l'entità INSEGNAMENTO.

In un diagramma E/R una relazione si schematizza con un rombo che interconnette due o più entità, al cui interno è riportato il nome della relazione, come mostrato in Figura 2.

Figura 2: Esempio di relazione

I nomi delle relazioni sono, generalmente, dei sostantivi singolari, in modo tale che il diagramma non abbia un verso di lettura, ma sia leggibile partendo da qualsiasi entità coinvolta nella relazione, senza che il nome della relazione perda significato. Ad esempio, se alla relazione tra l'entità PROFESSORE e l'entità INSEGNAMENTO dessimo il nome INSEGNA, tale relazione avrebbe senso solo iniziando a leggere il diagramma dall'entità PROFESSORE. Per evitare ciò, si preferisce il sostantivo DOCENZA, che rende il diagramma leggibile da ambo i versi.

La relazione tra singole occorrenze delle classi tra le quali esiste la relazione stessa si dice *occorrenza della relazione*. Ad esempio, se il professore *Mario Rossi* fosse il docente dell'insegnamento *Sistemi Informativi* l'occorrenza di tale relazione sarebbe (*Mario Rossi, Sistemi Informativi*). Più in generale, l'occorrenza di una relazione è un'ennupla costituita dalle occorrenze delle entità che partecipano all'occorrenza della relazione.

Quando si pensa ad una relazione si è soliti pensare al coinvolgimento di due entità (relazioni *binarie*), ma non è certo l'unico caso possibile. Difatti, le relazioni possono coinvolgere anche una sola entità (relazioni cosiddette *ricorsive*) o anche tre o più entità (relazioni *n-arie*). Un esempio di relazione ternaria è riportato in Figura 3.

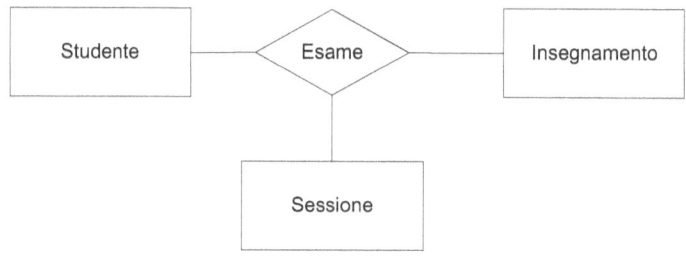

Figura 3: Esempio di relazione ternaria

Nell'esempio, si vede la relazione ESAME, la quale è una relazione ternaria tra l'entità STUDENTE, l'entità INSEGNAMENTO e l'entità SESSIONE, che descrive il fatto che uno studente sostiene un certo esame in una particolare sessione di esami. Un'occorrenza di tale relazione potrebbe essere la tripla (*Paolo Bianchi, Sistemi informativi, Sessione invernale 2008*).

Un esempio di relazione ricorsiva è invece riportata in Figura 4.

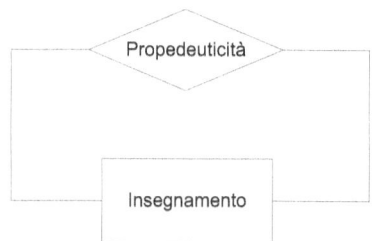

Figura 4: Esempio di relazione ricorsiva

In tale esempio viene illustrata la relazione PROPEDEUTICITÀ esistente tra due occorrenze dell'entità INSEGNAMENTO. Si noti che tale notazione non consente di capire quale sia il ruolo giocato dall'entità INSEGNAMENTO nei due rami della partecipazione alla relazione. Per eliminare questa ambiguità, è possibile esplicitare, sui rami della relazione, i ruoli giocati dall'entità coinvolta. In Figura 5 viene riportato un esempio dove i ruoli (Precedente e Successivo) sono esplicitati sui due rami della relazione.

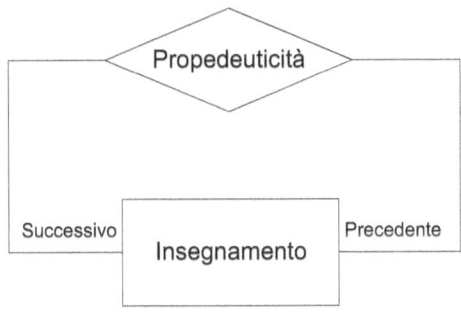

Figura 5: Esempio di relazione ricorsiva con esplicazione dei ruoli

Attributi semplici

Un attributo è una proprietà di un'entità o di una relazione e che è di interesse per il dominio applicativo. Ad esempio, per l'entità STUDENTE è possibile pensare ad attributi come Nome, Cognome, Matricola, Anno di iscrizione; per l'entità INSEGNAMENTO si può pensare ad attributi come Nome ed Anno di corso (inteso come l'anno in cui è previsto quell'insegnamento), mentre per la relazione ESAME si può pensare ad attributi come Voto e Data.

Un attributo viene schematizzato, nel diagramma E/R, con un'ellisse all'interno della quale viene riportato il nome dell'attributo, agganciata all'entità o alla relazione cui l'attributo è applicato, come mostrato nell'esempio di Figura 6.

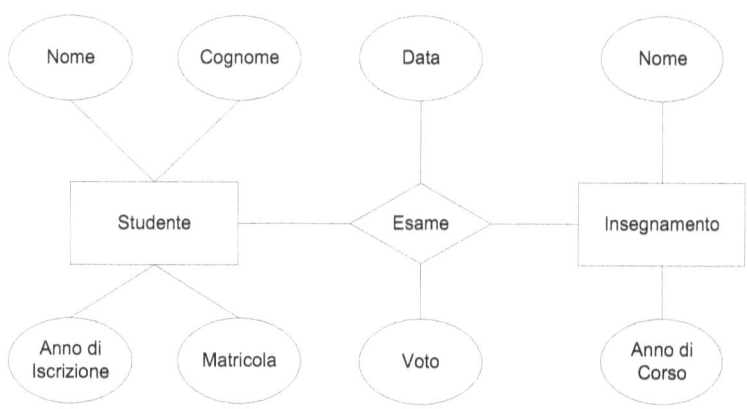

Figura 6: Esempio di attributi di entità e di relazioni

Attributi composti

Un attributo composto è un costrutto che consente di raggruppare attributi semplici che possono essere trattati come un "unicum" dal punto di vista concettuale: ad esempio, un indirizzo potrebbe essere rappresentato con un attributo composto da attributi semplici come Via, Numero civico, CAP. In Figura 7 viene mostrato il formalismo adottato per la schematizzazione di un attributo composto.

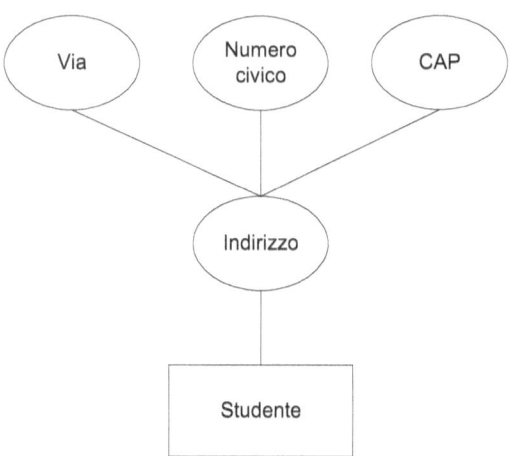

Figura 7: Esempio di attributo composto

Attributi derivati

Un attributo derivato è un attributo il cui valore è calcolabile a partire da operazioni sui valori assunti, nella stessa o in altre occorrenze, da altri attributi o desumibile dalla partecipazione a relazioni. Esempi di operazioni possono essere il conteggio di occorrenze, calcoli su numeri o su date, etc. Ad esempio, un attributo derivato, per l'entità STUDENTE, potrebbe essere Numero Esami Sostenuti, derivabile per conteggio di occorrenze della partecipazione alla relazione SOSTENIMENTO. Gli attributi derivati sono, pertanto, informazioni ridondanti dello schema dati, poiché comunque ricavabili da informazioni già presenti e si potrebbe decidere, in fase di progettazione logica, di eliminarli.

Un attributo derivato è schematizzato come un attributo normale, ma il contorno dell'ellisse è tratteggiato, come mostrato in Figura 8.

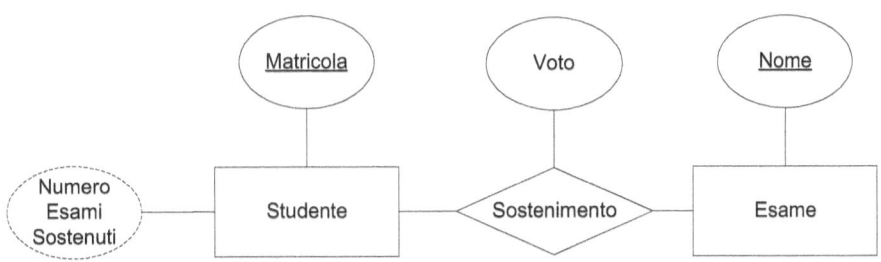

Figura 8: Esempio di attributo derivato

Cardinalità delle relazioni

Sul diagramma E/R è possibile specificare il numero minimo e massimo di occorrenze di un'entità coinvolte nella partecipazione ad una relazione. Ad esempio, supponiamo che nella nostra università siano previste delle regole per le quali ad un corso di laurea possano iscriversi al più 250 studenti e che ogni studente possa iscriversi al più a 3 corsi di laurea: possiamo descrivere graficamente tali vincoli andando a specificare le cardinalità. In Figura 9 è schematizzato il nostro esempio.

Figura 9: Esempio di cardinalità delle relazioni

Generalmente, si riporta cardinalità massima *N* quando la partecipazione alla relazione prevede più di un'occorrenza dell'entità.

Si noti che la cardinalità minima è 0 per l'entità CORSO DI LAUREA, mentre è 1 per l'entità STUDENTE. Ciò significa che ad un corso di laurea può anche non iscriversi alcuno studente, mentre uno studente deve essere iscritto almeno ad un corso di laurea. Se la cardinalità minima della partecipazione è 0, si dice che quella partecipazione è *opzionale*, se è 1 si dice che è *obbligatoria*.

Se le cardinalità massime sono *1* ad entrambi i lati, la relazione si dice *uno a uno*; se, invece, sono da un lato *1* ed *N* dall'altro, la relazione si dice *uno a molti*; se, infine, è *N* ad entrambi i lati, la relazione si dice *molti a molti*.

Cardinalità degli attributi

Analogamente a quanto avviene per le relazioni, anche per gli attributi è possibile specificare una cardinalità, quando questa non è di tipo (1, 1), cioè un unico valore per occorrenza di entità. Sono interessanti, in particolare, le cardinalità di tipo (0, 1), che rendono l'attributo *opzionale*, e le cardinalità di tipo (1, N) o (0, N), quando si è in presenza di attributi *multivalore*. Un esempio di utilizzo delle cardinalità degli attributi è riportato in Figura 10.

Si noti la particolare rappresentazione degli attributi multivalore.

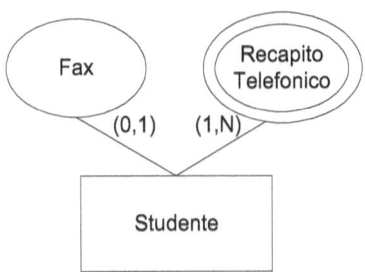

Figura 10: Esempio di cardinalità degli attributi e di attributo multivalore

Chiavi

Le chiavi delle entità sono quegli attributi i cui valori identificano *univocamente* le singole occorrenze dell'entità. Generalmente, le chiavi sono costituite da uno o più attributi, che possono essere propri dell'entità oppure provenienti da altre entità con cui essa è in relazione.

Ad esempio, se assumiamo che nel nostro database dell'università non possano esistere due professori con lo stesso nome e cognome, tale coppia di attributi potrebbe essere eletta a chiave. Per gli studenti, una chiave potrebbe essere senz'altro il numero di matricola. In Figura 11 è mostrato un esempio di come vengano rappresentate, in un diagramma E/R, le chiavi: sottolineando gli attributi che ne fanno parte.

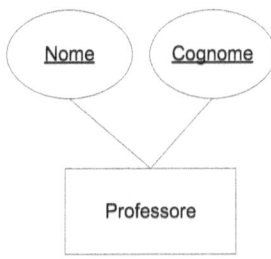

Figura 11: Esempio di chiave

Supponiamo, ora, che non bastino gli attributi dell'entità PROFESSORE per identificarne univocamente le occorrenze, ad esempio perché nella nostra università esistono professori con lo stesso nome e cognome, ma che insegnano materie differenti. Per identificare univocamente le occorrenze dell'entità si possono, in tal caso, prendere "in prestito" gli attributi della chiave dell'entità INSEGNAMENTO, con cui PROFESSORE è relazionata. Si dice, in tal caso, che l'entità PROFESSORE è *identificata esternamente*.

Quando un'entità è identificata esternamente da una relazione, l'entità si dice *entità debole* e la relazione che contribuisce ad identificarla si dice *relazione debole*. Entità e relazioni deboli vengono raffigurate come in Figura 12. La freccia che va dall'entità debole alla relazione debole è necessaria per far capire, in diagrammi complessi, quale sia la relazione debole che identifica una data entità debole.

Occorre osservare che l'esistenza dell'entità debole è legata all'esistenza di un'altra entità (entità *identificante*) con cui è legata da una relazione (relazione *identificante*). Nel nostro esempio, l'entità PROFESSORE è, pertanto, identificata dalla coppia di attributi Nome e Cognome dell'entità stessa (cosiddetta *chiave parziale*) e dalla relazione DOCENZA.

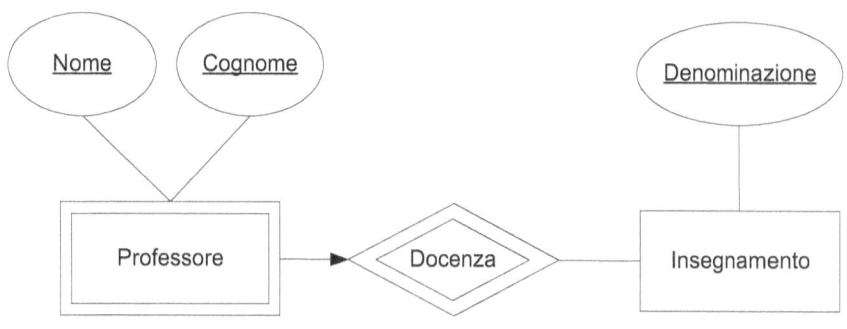

Figura 12: Esempio di entità debole

Si noti come l'entità (debole) PROFESSORE e la relazione (debole) DOCENZA abbiano una diversa notazione grafica.

Generalizzazioni e specializzazioni

Il costrutto di generalizzazione/specializzazione consente di specificare un legame tra due o più entità nel quale una di esse (*padre*) include le altre (*figlie*) che risultano esserne casi particolari. Si pensi, ad esempio, all'entità PROFESSIONISTA, che può essere specializzata, ad esempio, in MEDICO e in AVVOCATO.

Il costrutto di generalizzazione/specializzazione è anche detto *gerarchia IsA* (dall'inglese "*è un*") e può essere letto in doppio verso: dall'alto verso il basso come generalizzazione e dal basso verso l'alto come specializzazione.

Gli attributi dell'entità padre vengono propagati anche alle entità figlie, che possono comunque, a loro volta, avere degli attributi.

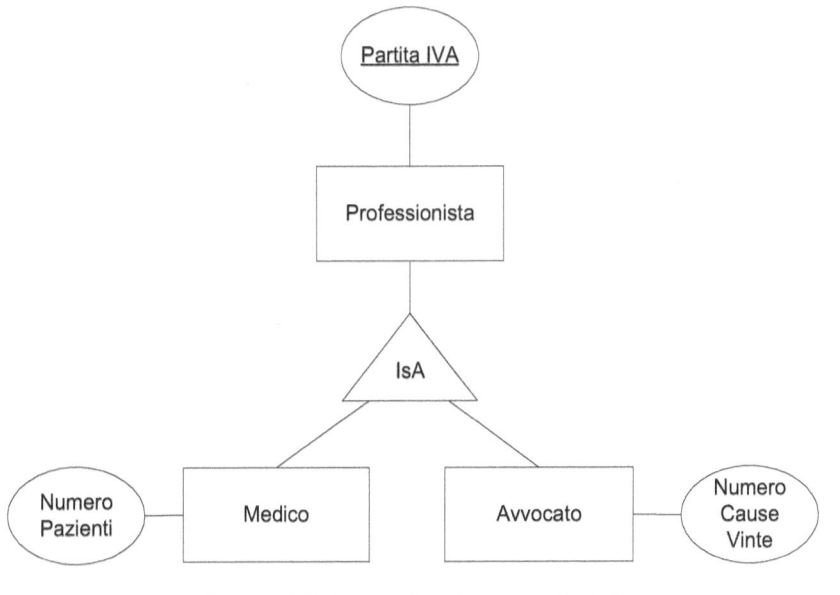

Figura 13: Esempio di gerarchia IsA

Un esempio di generalizzazione/specializzazione è mostrato in Figura 13. In tale esempio è da notare che l'attributo Partita IVA dell'entità PROFESSIONISTA (che peraltro è chiave) viene propagato alle entità figlie MEDICO ed AVVOCATO. Ciascuna delle entità figlie ha un proprio attributo, applicabile solo all'entità specializzata, poiché solo per essa ha senso. Le entità figlie ereditano la chiave dall'entità padre.

È anche possibile definire gerarchie IsA con più livelli gerarchici, come mostrato in Figura 14. In tale diagramma viene mostrata una classificazione dei corsi di laurea, ovviamente meramente esemplificativa. Le entità figlie, qualunque sia il loro livello di profondità, ereditano comunque tutti gli attributi delle entità a livelli superiori della gerarchia, anche se non sono loro immediati genitori.

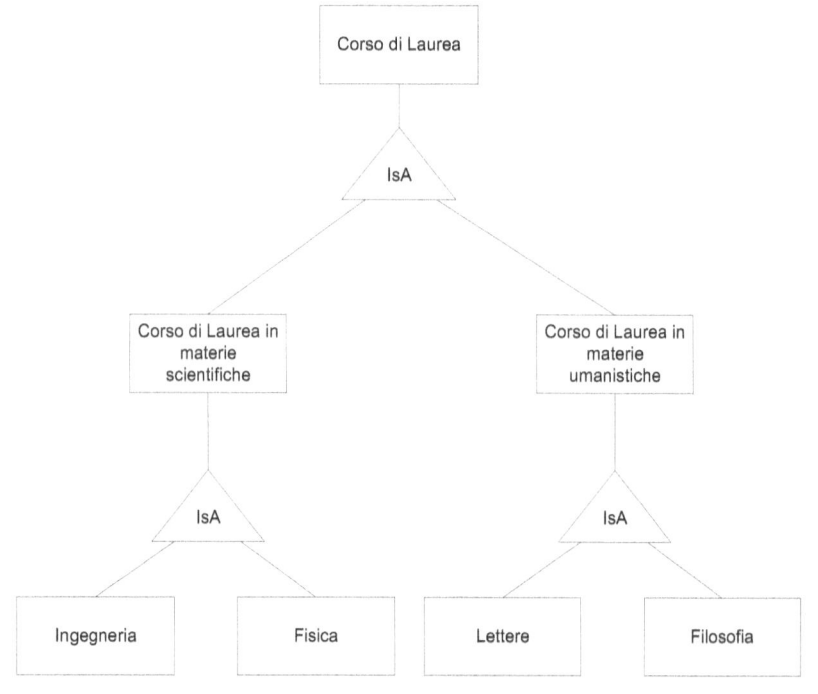

Figura 14: Una gerarchia IsA a due livelli

Riepilogo

Nella seguente tabella si riepilogano i costrutti grafici del modello Entità/Relazioni.

Costrutto	Rappresentazione
Entità	
Relazione	
Attributo	
Entità debole	
Relazione debole	
Cardinalità	(x,Y)
Attributo composto	

Costrutto	Rappresentazione
Attributo derivato	
Attributo multivalore	
Gerarchia IsA (Generalizzazione / Specializzazione)	IsA

Altre notazioni

Sono state proposte diverse notazioni in alternativa ai costrutti originariamente proposti da Chen. Molti strumenti software *CASE* (*Computer-Aided Software Engineering*) attualmente sul mercato consentono di passare da una visualizzazione a un'altra in modo automatico, in modo da venire incontro alle abitudini di diversi progettisti. Oltre alla notazione di Chen, pertanto, è importante dare una rapida scorsa a due delle notazioni che hanno ottenuto maggior successo. La prima, la cosiddetta notazione *crow's foot* (ossia, letteralmente, *zampa di corvo*, per la particolare forma del connettore che rappresenta la cardinalità "molti" di una relazione uno a molti o molti a molti) è largamente diffusa per l'efficacia visiva e per il fatto che è supportata da molti strumenti CASE; la seconda, relativamente più recente, si basa sull'utilizzo del linguaggio di modellazione UML e sta riscuotendo enorme successo, dato che lo stesso UML viene largamente utilizzato per la documentazione delle fasi di analisi e progettazione del software secondo il paradigma ad oggetti.

Crow's foot

Nel modello crow's foot le entità vengono rappresentate in modo molto compatto, con un unico box rettangolare suddiviso in due parti: il nome dell'entità e gli attributi, come in Figura 15. Gli attributi chiave sono sottolineati.

Studente		
Matricola	<pi> Number	<M>
Nome	Variable characters (255)	
Cognome	Variable characters (255)	
DataNascita	Date	

Figura 15: Notazione crow's foot – esempio di entità

Le relazioni vengono rappresentate semplicemente con una linea che connette due entità. A seconda dei connettori utilizzati ai due lati delle entità è possibile capire quali siano le cardinalità della relazione e le eventuali opzionalità. Se il connettore su un'entità sembra una vera e propria zampa di corvo e ha tre "denti", tale entità partecipa con cardinalità "molti" alla relazione; se c'è un solo dente, la cardinalità è unitaria. L'opzionalità si raffigura con un pallino attaccato al connettore, mentre l'obbligatorietà è rappresentata da un piccolo segmento. In sintesi, in Figura 16 vengono riassunti i possibili connettori del modello crow's foot e se ne propone l'equivalente cardinalità del modello tradizionale di Chen:

(1, N)   (0, N)

(0, 1)   (1, 1)

Figura 16: I connettori della notazione crow's foot

Il nome della relazione viene scritto in corrispondenza della linea che la raffigura. Un esempio è mostrato in Figura 17.

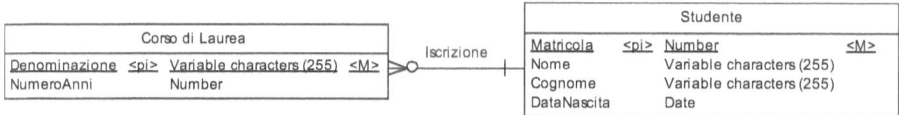

Figura 17: Notazione crow's foot - esempio di relazione

In tale esempio è raffigurata una relazione uno a molti, con partecipazione obbligatoria e cardinalità massima *1* da parte dell'entità STUDENTE ed opzionale con cardinalità massima *N* da parte dell'entità CORSO DI LAUREA.

Per rappresentare le entità deboli si usa un connettore leggermente diverso dal lato dell'entità debole, come mostrato nell'esempio di Figura 18. In tale esempio è mostrata l'entità debole ALBUM, identificata esternamente dalla relazione debole ESECUZIONE, tramite la quale è legata all'entità identificante ARTISTA.

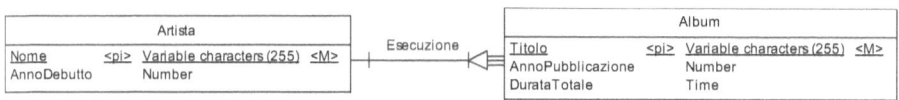

Figura 18: Notazione crow's foot - esempio di relazione debole

Per schematizzare gli eventuali attributi di una relazione occorre utilizzare una *associazione*, che molto ricorda la relazione del modello di Chen, come è mostrato in Figura 19.

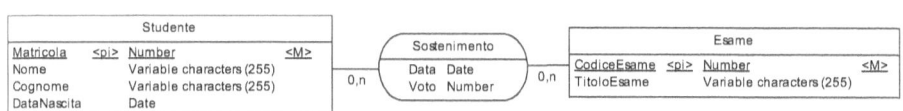

Figura 19: Notazione crow's foot - esempio di associazione

Anche il costrutto di generalizzazione/specializzazione ricorda molto il costrutto di gerarchia IsA del modello di Chen: un esempio è mostrato in Figura 20.

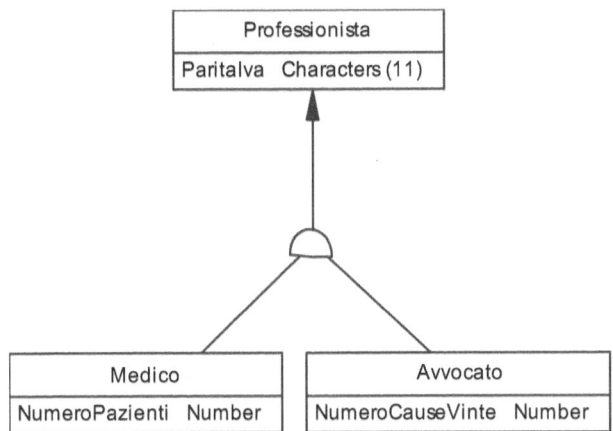

Figura 20 - Notazione crow's foot - esempio di generalizzazione

UML

L'idea di utilizzare UML non solo per la progettazione di software ma anche per la progettazione di database è insita nel concetto di *incapsulamento* proprio del paradigma ad oggetti: è buona pratica, difatti, progettare lo strato di accesso ai dati di un'applicazione object-oriented prevedendo una classe per ogni tabella del database che abbia come proprietà gli stessi campi della tabella e, per ogni proprietà, metodi di *get* e *set* per prelevare ed impostare i valori delle proprietà stesse e, quindi, dei campi della tabella. Vista questa stretta correlazione tra classi ed entità, è stato proposto UML anche per la schematizzazione delle strutture di una base dati.

Per quanto detto, risulterà chiaro che un'entità, in UML, è rappresentata con una classe e che, pertanto, una relazione si traduce in un'associazione tra classi. Di conseguenza, le cardinalità della relazione sono tradotte nelle cardinalità dell'associazione.

Nella Figura 21 è rappresentato un esempio di associazione di tipo uno a molti, traduzione dell'esempio, in notazione Crow's Foot, di Figura 17.

Figura 21: Notazione UML - esempio di associazione

Per specificare eventuali attributi di una relazione è necessario utilizzare una *classe di associazione*, che viene raffigurata come in Figura 22.

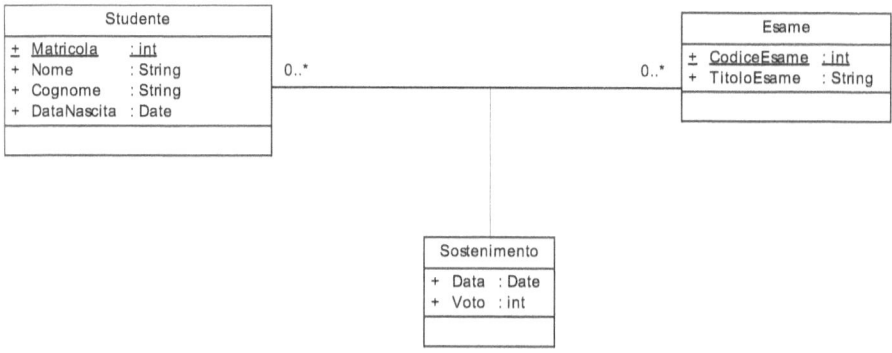

Figura 22: Notazione UML - esempio di classe di associazione

Il costrutto di generalizzazione/specializzazione in UML trova come naturale controparte il costrutto di *inheritance*, mediante il quale si rappresenta il concetto di ereditarietà, raffigurato da una freccia con la punta vuota, come in Figura 23.

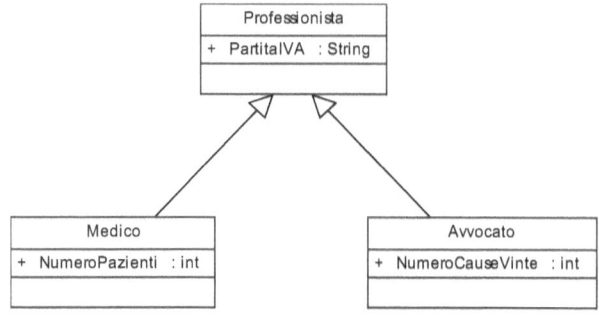

Figura 23: Notazione UML - esempio di generalizzazione

Costrutti UML molto interessanti che non trovano esplicita controparte negli altri modelli sono quelli di *aggregazione* e *composizione*. Tali costrutti servono per indicare le relazioni di tipo "tutto-parte" tra classi di oggetti.

Si ha un'aggregazione quando gli oggetti di una classe ("tutto") sono composti da oggetti di altre classi ("parti").

Un esempio di aggregazione, riportato in Figura 24, è quello tra la classe AUTOMOBILE e le classi MOTORE, CARROZZERIA e RUOTA.

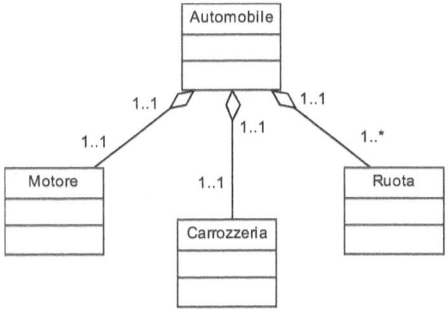

Figura 24: Notazione UML - esempio di aggregazione

La composizione è una forma più forte di aggregazione, che sussiste quando gli oggetti componenti, ossia le parti, non hanno senso di esistere senza il tutto.

L'aggregazione è una relazione puramente logica: i due oggetti esistono l'uno a prescindere dall'altro ed a prescindere dalla relazione tutto-parti che tra essi sussiste; la composizione, invece, comporta che l'oggetto "contenuto" non possa esistere senza l'oggetto "contenitore"; pertanto, è un legame senz'altro più forte.

Un esempio di composizione, riportato in Figura 25, è quello tra la casa e le varie stanze che la compongono.

Si noti che la differenza grafica tra i due costrutti consiste nel fatto che il rombo è pieno per la composizione e vuoto per l'aggregazione.

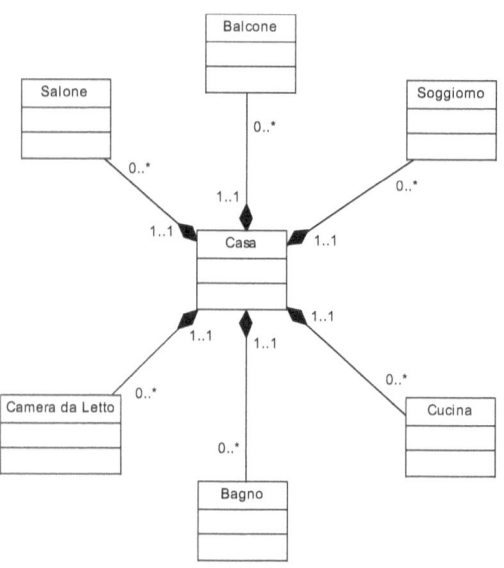

Figura 25: Notazione UML - esempio di composizione

Documentazione di uno schema E/R

Come è semplicemente intuibile, la mera rappresentazione grafica offerta dai costrutti del modello E/R, per quanto molto efficace, non consente, da sola, di descrivere in modo esaustivo le risultanze della progettazione concettuale. Difatti, durante tale fase, vengono individuati e definiti in modo chiaro e non ambiguo i concetti e le connessioni tra i concetti esistenti nel dominio applicativo e vengono identificati i vincoli e le regole che lo caratterizzano. A tal fine, tra i *deliverables* della fase di progettazione concettuale, si accompagna, allo schema E/R, una documentazione comprendente l'elenco e la descrizione delle *business rules* del dominio applicativo, ossia le regole ivi esistenti, nonché delle operazioni che il committente vorrà eseguire sulla base dati, possibilmente con la relativa frequenza.

Le business rules individuabili sono:

- *Termini* e *fatti*: descrizione dei concetti e dei legami esistenti tra gli stessi nel dominio applicativo, pertanto la descrizione delle entità e delle relazioni identificate;

- *Derivazioni (derivation rules):* modalità per calcolare gli attributi derivati;

- *Vincoli (constraint rules):* condizioni che devono essere verificate dai valori degli attributi o dalla partecipazione a relazioni da parte di entità.

I termini ed i fatti sono semplicemente documentabili attraverso la costruzione di un glossario che descriva in linguaggio naturale i concetti e le relazioni identificati nel dominio applicativo. Converrà organizzare il glossario dei dati in due tabelle (una per la descrizione delle entità ed una per la descrizione delle relazioni) contenenti le seguenti colonne:

- *Entità/Relazione:* il nome dell'entità o della relazione;

- *Significato:* la descrizione dell'entità o della relazione e del suo significato nello specifico dominio applicativo;

- *Attributi:* gli attributi individuati per l'entità o per la relazione ed il relativo tipo e/o dominio dei valori da esso assumibili. Si noti che alcuni attributi meno interessanti o gli attributi atomici di attributi composti potrebbero, per non inficiare la leggibilità del diagramma, essere omessi dallo schema E/R e pertanto essere inseriti solo nel glossario;

- *Chiavi:* gli attributi e/o le entità (in caso di entità deboli) che identificano univocamente le occorrenze dell'entità. Per maggiore chiarezza, si propone di usare un carattere normale per gli attributi e corsivo per le eventuali entità identificanti;

- *Entità coinvolte:* le entità coinvolte nella relazione;

- *Volume stimato:* il volume stimato, a partire dai requisiti utente, dei dati, in termini di istanze dell'entità o della relazione prevedibili a regime.

Le derivazioni ed i vincoli sono esprimibili attraverso l'uso di *asserzioni*. In particolare, per le derivazioni si potranno utilizzare asserzioni del tipo: "Il concetto x si ottiene dai concetti y_1, y_2, ..., y_n eseguendo le seguenti operazioni: op_1, op_2, ..., op_m" cui segue la lista delle operazioni che consentono di derivare il concetto x dai restanti concetti. Per i vincoli si potranno utilizzare asserzioni del tipo: "Il concetto x deve [oppure: non deve] $expr_1$, $expr_2$, ...,$expr_z$" ove $expr_i$ è la generica espressione che deve (o non deve) essere soddisfatta dal concetto x.

Per quanto riguarda le operazioni sui dati, se già possibile in questa fase, converrà identificare, a partire da ciò che si evince dall'analisi dei requisiti, le azioni che saranno eseguite sui dati e la relativa frequenza, espressa in numero di operazioni in una certa unità di tempo. Tali informazioni, se disponibili, verranno inserite in una tabella contenente le seguenti colonne:

- *Operazione:* la descrizione dell'operazione;

- *Entità/Relazioni coinvolte:* le entità e le relazioni coinvolte dall'operazione. Se possibile, converrà indicare, per ogni entità o relazione coinvolta, i volumi di dati interessati dall'operazione. Se l'operazione coinvolge solo taluni attributi dell'entità o della relazione, converrà indicare gli attributi coinvolti;

- *Frequenza:* il numero stimato di esecuzioni dell'operazione in un'unità di tempo fissata.

Un esempio di progettazione concettuale

Supponiamo che il nostro committente sia un'emittente radiofonica che voglia costruire un database di tutti i brani musicali a disposizione, al fine di reperire velocemente i supporti che contengono i brani da proporre agli ascoltatori durante la normale programmazione. Supponiamo d'aver ricevuto dal committente la seguente richiesta:

Si vuole progettare un database per informatizzare una raccolta di album. Di ogni album (circa 5.000) si vogliono informatizzare i dati relativi all'artista, all'anno di pubblicazione (uguale o posteriore all'anno di debutto dell'artista), al titolo, ai brani ivi contenuti (di cui si vuole poter inserire il titolo) ed ai supporti (CD o vinili). Di uno stesso album potrebbero essere presenti più supporti. In ogni album sono presenti in media 10 brani. Si vogliono anche poter inserire le durate di ogni canzone e di tutto il disco. Da ogni cantante o gruppo musicale (di cui si vuole poter inserire nome e anno di debutto) si vuole poter risalire ad eventuali cantanti o gruppi da essi ritenuti musicalmente influenzati (per ogni artista viene rintracciata influenza da altri 3 artisti, in media) ed il relativo livello di influenza (espresso con un numero intero da 0 a 5). Per ogni artista, in media, vi sono 5 album. Ad ogni esecutore si vuole associare un genere musicale. Ogni supporto (CD o vinile), viene collocato su un ripiano di uno scaffale e si vuole tener traccia, per ogni disco, di tale posizione. Ogni scaffale può contenere al più 100 supporti. Di ogni supporto si vuole memorizzare il numero di serie (numerico). Esistono, in media, 1,2 supporti per ogni album.

Da un'analisi del testo, è possibile identificare diversi termini utilizzati per identificare lo stesso concetto (sinonimi). Ad esempio:

- *Esecutore, Cantante e Gruppo musicale* sono tutti sinonimi di *Artista*;

- *Disco* è sinonimo di *Album*;

- *Traccia e Canzone* sono sinonimi di *Brano*.

Una volta eliminate queste ambiguità dal testo, procediamo a suddividere la richiesta del committente in sezioni distinte a seconda dei concetti cui si riferiscono le diverse frasi:

- Obiettivi generali: *Si vuole progettare un database per informatizzare una raccolta di album.*

- Requisiti riferiti all'album: *Di ogni album si vogliono gestire i dati relativi all'artista, all'anno di pubblicazione, al titolo, alla durata totale, ai brani ivi contenuti ed ai supporti. L'anno di pubblicazione dell'album deve essere uguale o posteriore all'anno di debutto dell'artista. Sono presenti circa 5.000 album.*

- Requisiti riferiti al brano: *Di ogni brano si vogliono gestire i dati relativi al titolo ed alla durata. In un album sono presenti, in media, 10 brani.*

- Requisiti riferiti all'artista: *Di ogni artista si vogliono gestire i dati relativi al nome e all'anno di debutto. Da ogni artista si vuole poter risalire ad eventuali artisti da essi ritenuti musicalmente influenzati ed il relativo livello di influenza. Il livello di influenza può assumere valori numerici interi da 0 a 5. Per ogni artista viene rintracciata influenza da altri 3 artisti, in media. Ad ogni artista si vuole associare un genere musicale. Per ogni artista, in media, vi sono 5 album.*

- Requisiti riferiti al supporto: *Un supporto può essere un CD o un vinile. Un supporto è identificato da un codice numerico. Di ogni supporto si vogliono gestire i dati relativi al codice numerico ed alla posizione (ripiano e scaffale). Di uno stesso album possono essere presenti più supporti. Esistono, in media, 1,2 supporti per ogni album.*

- Altri requisiti: *Ogni scaffale non deve contenere più di 100 supporti.*

A questo punto è possibile individuare le entità:

- ALBUM;

- BRANO;

- ARTISTA;

- SUPPORTO;

- CD;

- VINILE.

E le relazioni:

- APPARTENENZA (tra ALBUM e BRANO);

- ESECUZIONE (tra ARTISTA ed ALBUM);

- INFLUENZA (ricorsiva su ARTISTA, con ruoli *INFLUENZANTE* ed *INFLUENZATO*);

- CONTENUTO (tra ALBUM e SUPPORTO).

Inoltre, è possibile desumere la specializzazione di SUPPORTO in CD e VINILE.

Si procede, quindi, ad associare, alle entità ed alle relazioni individuate, i relativi attributi:

- ALBUM:
    - o Anno di pubblicazione;
    - o Titolo;
    - o Durata totale;
- BRANO:
    - o Titolo;
    - o Durata;
- ARTISTA:
    - o Nome;
    - o Anno di debutto;
- SUPPORTO:
    - o Numero di serie;
    - o Posizione:
        - Ripiano;
        - Scaffale;
- INFLUENZA:
    - o Livello.

Una volta individuate le entità, le relazioni ed i relativi attributi, la nostra fase di progettazione concettuale del database per l'emittente radiofonica può procedere con il disegno del diagramma Entità/Relazioni, riportato in Figura 26.

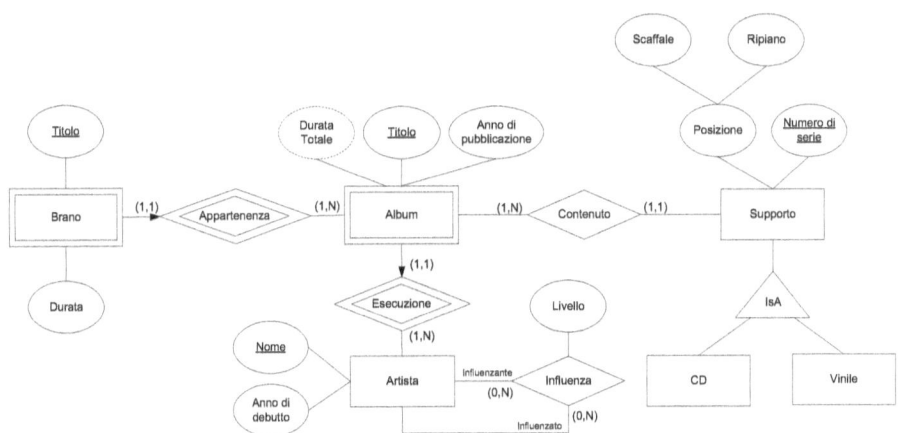

Figura 26: Diagramma E/R del database per l'emittente radiofonica

A questo punto è possibile passare alla redazione della documentazione a corredo del diagramma Entità/Relazioni.

Come visto, la nostra documentazione sarà composta da:

- Glossario dei termini;

- Constraint rules;

- Derivation rules.

Il glossario dei termini è riportato nelle seguenti tabelle, la prima relativa alle entità e la seconda relativa alle relazioni.

Entità	Significato	Attributi, Tipo/Dominio	Chiavi	Volume stimato
Album	Raccolta di canzoni di uno stesso artista. Uno stesso album può	Titolo (string), Durata totale (time), Anno di pubblicazione (number)	Titolo, *Artista*	5.000

	essere contenuto in uno o più supporti.			
Brano	Singola canzone eseguita da un artista e contenuta in un album.	Titolo (string), Durata (time)	Titolo, *Album*	50.000
Artista	Cantante o gruppo musicale.	Nome (string), Anno di debutto (number)	Nome	1.000
Supporto	Supporto fisico che contiene un album. Esso può essere un CD o un vinile.	Numero di serie (number), Posizione [composto da Scaffale (number) e Ripiano (number)]	Numero di serie	6.000
CD	Supporto di tipo digitale (CD).			≤ 6.000
Vinile	Supporto di tipo analogico (vinile).			≤ 6.000

Relazione	Significato	Entità coinvolte	Attributi, Tipo / Dominio	Volume stimato
Appartenenza	Quali brani appartengono ad un album	Album, Brano		50.000
Esecuzione	Da quale artista è eseguito un album	Album , Artista		5.000
Influenza	Da quali artisti è influenzato un artista	Artista (Influenzante), Artista (Influenzato)	Livello (0, 1, 2, 3, 4, 5)	3.000
Contenuto	In quali supporti è contenuto un album	Album, Supporto		6.000

A questo punto, andiamo ad individuare le business rules relative a vincoli e derivazioni desumibili a partire dall'analisi dei requisiti utente.

A ciascuna regola andiamo ad assegnare un codice univoco che faccia subito capire di che tipo di regola si tratti (ad esempio con il prefisso CR per le constraint rules e con il prefisso DR per le derivation rules) e che consenta di identificare la singola regola.

Nella tabella seguente vengono riportate le regole di business.

Constraint Rules
CR1. L'anno di pubblicazione di un album deve essere maggiore o uguale all'anno di debutto dell'artista che lo esegue.
CR2. I supporti non devono essere collocati in scaffali già contenenti 100 supporti.
Derivation Rules
DR1. La durata totale dell'album si ottiene sommando le durate dei brani che ad esso appartengono.

Per maggiore completezza, al fine di meglio illustrare l'utilizzo delle altre notazioni trattate oltre alla variante di quella di Chen proposta in questo libro come notazione di riferimento, viene riproposto lo schema concettuale di Figura 26 utilizzando le notazioni Crow's Foot (Figura 27) ed UML (Figura 28).

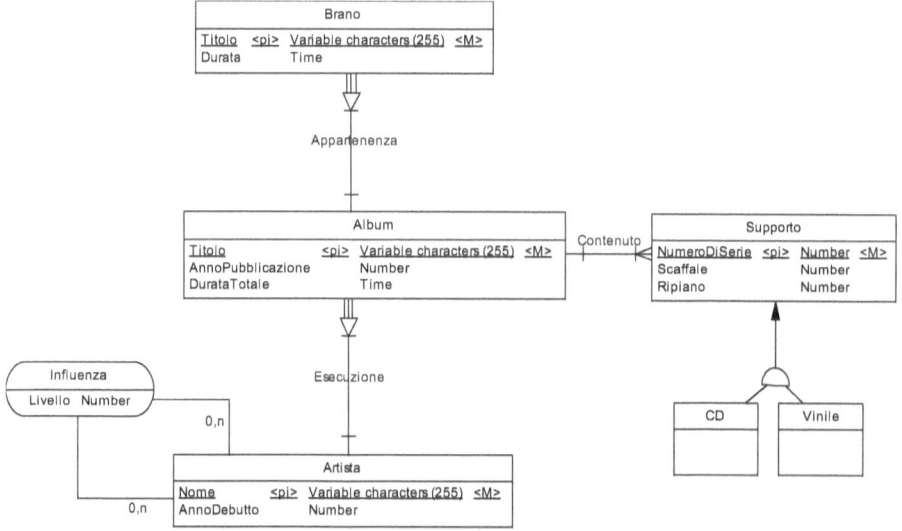

Figura 27: Esempio di schema concettuale con la notazione Crow's Foot

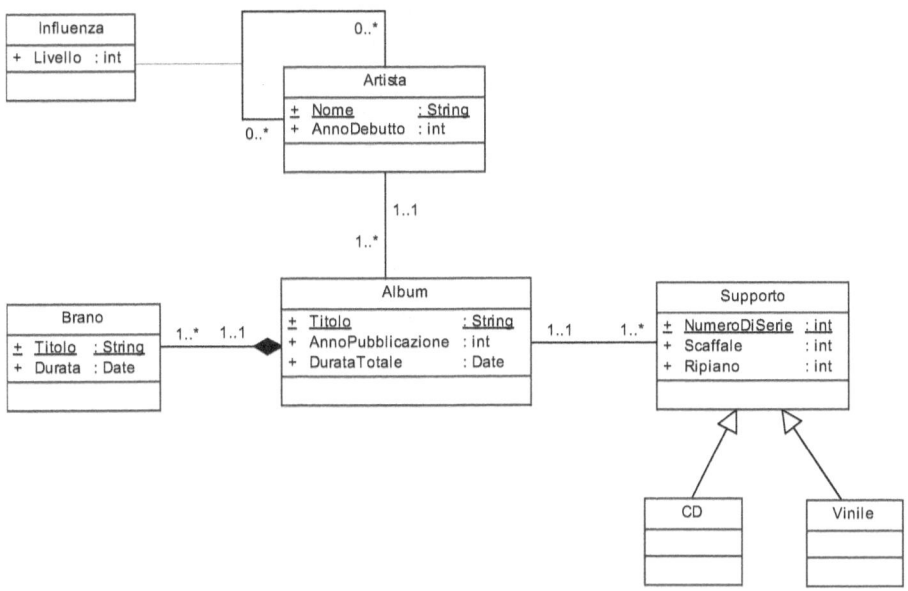

Figura 28: Esempio di schema concettuale con la notazione UML

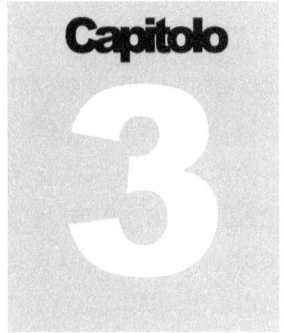
La progettazione logica

Il modello relazionale; ristrutturazione dello schema concettuale; traduzione verso il modello relazionale; normalizzazione; un esempio di progettazione logica.

S copo della progettazione logica è quello di produrre, a partire dallo schema concettuale, lo schema logico dei dati, ovvero la descrizione delle strutture dati che costituiranno il database, indipendentemente dallo specifico DBMS che verrà impiegato.

Se la progettazione concettuale è indipendente dal particolare modello logico di dati che si intende adottare, la progettazione logica ne è profondamente influenzata. Pertanto, prima di iniziare l'attività di progettazione logica, è necessario aver scelto la tipologia di modello che si intende adottare. Nel seguito del volume adotteremo il modello relazionale come modello di riferimento.

Spesso molti progettisti trascurano la fase di progettazione logica, talvolta con la "complicità" degli odierni strumenti software CASE, che consentono, spesso, una traduzione automatica dallo schema concettuale allo schema fisico. Eppure, vi sono alcune decisioni da assumere in questa fase che non sempre è corretto delegare a strumenti automatici e che, opportunamente meditate, potrebbero migliorare sensibilmente la qualità e le prestazioni di una base di dati. Difatti, non è possibile pensare a questa fase come una mera fase di traduzione meccanica di uno schema in un altro, ma prima del passaggio allo schema logico è necessaria una fase di *ristrutturazione* dello schema concettuale, che richiede talune decisioni da parte del progettista.

La ristrutturazione dello schema concettuale si rende necessaria poiché non tutti i costrutti del modello entità-relazioni sono disponibili nel modello relazionale. Come già visto, è conveniente che la descrizione del contenuto informativo del dominio applicativo sia indipendente da come poi verrà realizzato il database ed è pertanto utile che, nella fase di progettazione concettuale, si badi principalmente alla descrizione dei concetti interessanti per le applicazioni e delle relazioni tra gli stessi, utilizzando dei costrutti intuitivi e di semplice lettura. Durante la progettazione concettuale, pertanto, è utile l'utilizzo di costrutti che, per quanto non disponibili direttamente nel modello relazionale, migliorino la comprensibilità e l'intuitività dello schema concettuale e la sua aderenza al dominio applicativo.

Peraltro, vi sono elementi del modello entità-relazioni che facilmente si possono tradurre in elementi del modello relazionale. È possibile, inoltre, ricondurre i costrutti del modello entità-relazioni che non hanno una controparte nel modello relazionale ad altri costrutti che, invece, tale controparte la hanno. Pertanto, prima di iniziare la "traduzione" vera e propria dallo schema concettuale allo schema logico, adottando il modello relazionale come modello di riferimento, la progettazione logica prevede, a monte, una ristrutturazione dello schema concettuale.

Come vedremo, la ristrutturazione dello schema concettuale è una fase durante la quale il progettista si troverà a scegliere tra diverse alternative che possono inficiare non poco sulle prestazioni del database e delle applicazioni che lo utilizzeranno.

Il modello relazionale

Il modello relazionale, proposto per la prima volta da E. F. Codd nel 1970, è il modello di riferimento adottato dai sistemi di gestione di database (*DBMS, Database Management Systems*) più diffusi sul mercato. Tali sistemi sono anche detti *RDBMS* (*Relational DBMS*) proprio per la loro natura relazionale.

Il modello relazionale si è dimostrato vincente, negli anni, per diverse caratteristiche, ma il motivo principale è legato alla sua semplicità. Difatti, esso si basa essenzialmente sulle *tabelle* e sulle *relazioni* tra esse. Il concetto di tabella è intuitivo ed è nella vita quotidiana di ciascuno di noi: gli orari degli arrivi e delle partenze dei treni, un listino prezzi, la classifica del campionato di calcio, sono tutti esempi di tabelle con cui abbiamo normalmente a che fare.

Diamo, ora, una definizione rigorosa di relazione.

Definiamo *dominio* un insieme, finito o infinito, di valori omogenei. Su due domini A e B è possibile definire il *prodotto cartesiano AxB* come l'insieme formato da tutte le coppie ordinate tali che il primo elemento appartenga ad A ed il secondo a B. Tale definizione è facilmente estendibile a N domini D_1, D_2, ..., D_N: il prodotto cartesiano si definisce, in tal caso, come l'insieme delle ennuple ordinate tali che il primo elemento appartenga a D_1, il secondo a D_2, ..., l'ennesimo a D_N.

Il modello relazionale si basa sul concetto di *relazione*: dati *N* domini D_1, D_2, ..., D_N, una relazione *R* è un sottoinsieme del prodotto cartesiano degli *N* domini: $R \subseteq D_1 x D_2 x ... x D_N$. *N* si dice *grado* della relazione.

Un elemento del prodotto cartesiano, e quindi anche un elemento della relazione, è detto *tupla*.

La rappresentazione naturale di una relazione è una *tabella*.

Il concetto di *dominio* è associabile facilmente al concetto di *tipo di dato*. Ogni dominio che partecipa ad una relazione è caratterizzato senz'altro dal tipo di dato associato e dallo specifico significato da esso assunto nell'ambito della relazione. In una logica tabellare, un dominio corrisponde ad una colonna della tabella e il suo significato è dato dall'intestazione della colonna. Un dominio, nel modello relazionale, viene detto *attributo*. Una singola riga di una tabella, ossia un'occorrenza della relazione, rappresenta la valorizzazione dell'insieme dei domini che partecipano alla relazione; pertanto, è la valorizzazione degli attributi della tabella. Come si potrà facilmente intuire, c'è una relazione diretta tra la tupla e una riga di una tabella.

Occorre fare alcune precisazioni. Prima di tutto, ben sappiamo che in un insieme non possono esistere elementi uguali, poiché le stesse occorrenze "collassano" su un'unica occorrenza. In altre parole, non è possibile avere più tuple che assumono gli stessi valori in tutti i domini. Ciò non è vero nel modello relazionale, per il quale è possibile avere più occorrenze uguali nella stessa relazione, vale a dire è possibile avere più righe uguali nella stessa tabella.

Un'altra precisazione che occorre fare è di carattere prettamente formale. Dal punto di vista insiemistico, il prodotto cartesiano (e quindi la relazione) non è commutativo: il prodotto *AxB* è diverso dal prodotto *BxA*, poiché per definizione le coppie sono ordinate; nel modello di dati relazionale, invece, non fa differenza la posizione degli attributi: grazie al fatto che ogni colonna ha la sua intestazione univoca, anche modificando l'ordine delle colonne, la relazione resta la stessa. Invece, così come nel modello insiemistico, anche nel modello tabellare non conta l'ordinamento delle righe.

Nel modello relazionale, le tabelle sono messe tra loro in relazione con il cosiddetto *join*, ossia in base all'uguaglianza dei valori di taluni attributi. Grazie al join è possibile risalire, da una tabella, che memorizza i dati relativi ad una certa entità, a dati presenti in altre tabelle, relative ad altre entità, con cui esiste una relazione. Tale meccanismo, proprio per il suo essere particolarmente semplice ed efficace, ha contribuito non poco alla fortuna del modello relazionale.

Un'altra caratteristica molto importante del modello relazionale è quella dei vincoli di integrità, ossia la possibilità di definire delle proprietà che devono essere soddisfatte dai dati presenti nel database. In particolare, si possono definire vincoli di integrità intrarelazionali ed interrelazionali. I primi si riferiscono ai dati di una sola tabella, mentre i secondi coinvolgono più tabelle. Vincoli molto importanti sono i vincoli di chiave (intrarelazionali) e di integrità referenziale, anche detti vincoli di chiave esterna (interrelazionali).

Si dice *superchiave* un insieme di attributi usato per identificare univocamente le tuple di una relazione. Una superchiave è detta *chiave* se è una superchiave minimale, ossia se è costituita dall'insieme minimo di attributi della relazione in grado di identificarne univocamente una tupla.

I vincoli di integrità referenziale servono a garantire che siano possibili i riferimenti tra le tabelle in relazione: se una tabella *X* referenzia, tramite un insieme di attributi (chiave esterna), la chiave primaria di una tabella *Y*, il vincolo di integrità referenziale garantisce che, all'atto dell'istanziazione degli attributi della chiave esterna di *X*, esista un'istanza di *Y* che presenti gli stessi valori sulla chiave primaria.

Ristrutturazione dello schema concettuale

La ristrutturazione dello schema concettuale prevede le seguenti fasi:

- Eliminazione degli attributi composti;
- Eliminazione degli attributi multivalore;
- Eliminazione delle gerarchie IsA;
- Analisi dei dati ridondanti;
- Partizionamento di entità o relazioni;
- Accorpamento di entità o relazioni;
- Scelta delle chiavi primarie.

Nel seguito vengono illustrate le tecniche di ristrutturazione.

Eliminazione degli attributi composti

Il modello relazionale non prevede, come è invece previsto dal modello E/R, l'attributo composto. Tale carenza non è peraltro preoccupante poiché, per ovviare ad essa, basta scomporre gli attributi composti in attributi semplici associati direttamente all'entità. Ad esempio, in riferimento al diagramma di Figura 7, l'attributo composto Indirizzo dell'entità STUDENTE può essere semplicemente eliminato e gli attributi semplici da cui esso è composto possono essere semplicemente agganciati direttamente all'entità, come riportato in Figura 29.

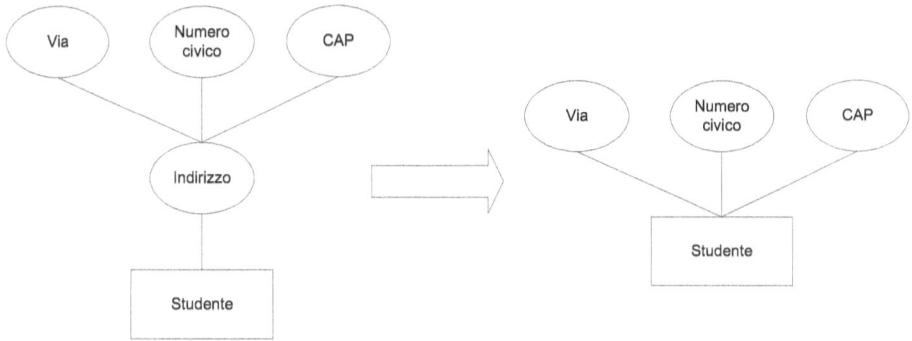

Figura 29: Eliminazione di attributo composto

In taluni casi si potrebbe pensare di trasformare l'attributo composto in un'entità. Tale soluzione è da valutare a seconda dei casi e dipende dalle operazioni che andranno fatte sui dati (ad esempio se l'accesso ai restanti attributi dello studente avviene, in linea di massima, separatamente dall'accesso agli attributi che costituiscono l'indirizzo) e dai possibili sviluppi che si prevedono per la nostra base dati, per la quale in futuro potrebbe essere conveniente dare la dignità di entità all'attributo composto, ad esempio perché potrebbe diventare anche multivalore (si immagini, ad esempio, la possibilità che per uno studente si possano dover gestire, in futuro, più indirizzi).

Eliminazione degli attributi multivalore

Uno dei costrutti del modello entità-relazioni che non ha una controparte nel modello relazionale è senz'altro l'attributo multivalore. Peraltro, è un problema molto semplice da gestire:

basta trasformare l'attributo multivalore in un'entità legata da una
relazione uno a molti con l'entità che lo presenta.

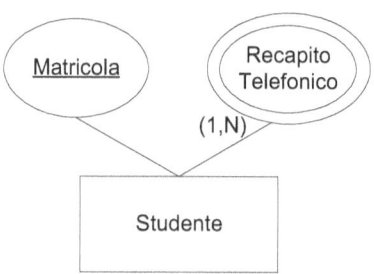

Figura 30: Entità con attributo multivalore

Si faccia riferimento, ad esempio, alla Figura 30: l'entità STUDENTE
presenta l'attributo multivalore Recapito Telefonico. Per eliminarlo,
basta introdurre un'altra entità RECAPITO TELEFONICO legata
all'entità STUDENTE dalla relazione, uno a molti, RECAPITO, come
mostrato in Figura 31.

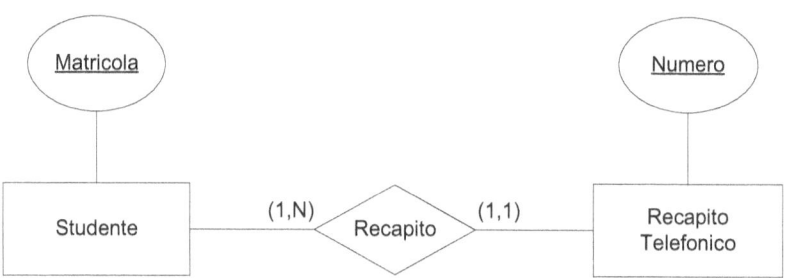

Figura 31: Eliminazione dell'attributo multivalore

Eliminazione delle gerarchie IsA

Anche il costrutto di generalizzazione/specializzazione del modello
entità/relazioni (la cosiddetta *gerarchia IsA*) non trova immediato
riscontro nel modello relazionale. Peraltro, anche tale costrutto è
ristrutturabile in modo che possa essere facilmente tradotto
utilizzando le strutture logiche disponibili nel modello relazionale.

Sono possibili tre alternative:

1. Accorpamento delle entità figlie nell'entità padre: tutti gli attributi delle entità figlie vengono riportati sull'entità padre, vengono eliminate le entità figlie e viene aggiunto, all'entità padre, unica superstite, un attributo che specifica la tipologia di ogni occorrenza dell'entità;

2. Accorpamento degli attributi dell'entità padre nelle entità figlie e rimozione dell'entità padre: tale soluzione, possibile solo se per ogni occorrenza dell'entità padre corrisponde un'occorrenza delle entità figlie (generalizzazione cosiddetta *totale*), prevede l'eliminazione dell'entità padre, spostando tutti i suoi attributi su ciascuna delle entità figlie;

3. Sostituzione della generalizzazione con relazioni deboli tra entità padre ed entità figlie: vengono mantenute tutte le entità del diagramma originario e vengono introdotte delle relazioni deboli tra l'entità padre e le entità figlie in sostituzione della generalizzazione. Le entità figlie diverranno entità deboli identificate mediante le relazioni deboli introdotte.

La convenienza delle tre alternative dipende, essenzialmente, dalle operazioni che si prevede verranno svolte più spesso sulle entità coinvolte. È inoltre da considerare che l'alternativa 1 comporta uno spreco di memoria di massa a causa della possibile presenza di valori nulli su talune colonne. Per l'alternativa 1, difatti, le tuple originariamente appartenenti a ogni entità figlia presenteranno valori nulli sulle colonne degli attributi delle restanti entità. Peraltro, dati gli attuali bassi costi delle memorie di massa, tale spreco potrebbe essere praticamente trascurabile.

Un esempio di diagramma da ristrutturare ove è presente una

gerarchia IsA è mostrato nell'esempio di Figura 32. In tale esempio, l'entità Prova d'esame è specializzata in Orale e Pratica. Ciascuna entità figlia presenta degli attributi specifici: il numero di domande fatte allo studente durante l'orale e la durata della prova pratica. Inoltre, solo per la prova pratica sussiste una relazione uno a molti con l'entità Laboratorio relativa alla prenotazione della struttura dove viene espletata la prova pratica.

Le tre alternative per l'eliminazione della gerarchia sopra illustrate, applicate a tale esempio, danno come risultato, rispettivamente, i diagrammi di Figura 33, Figura 34 e Figura 35.

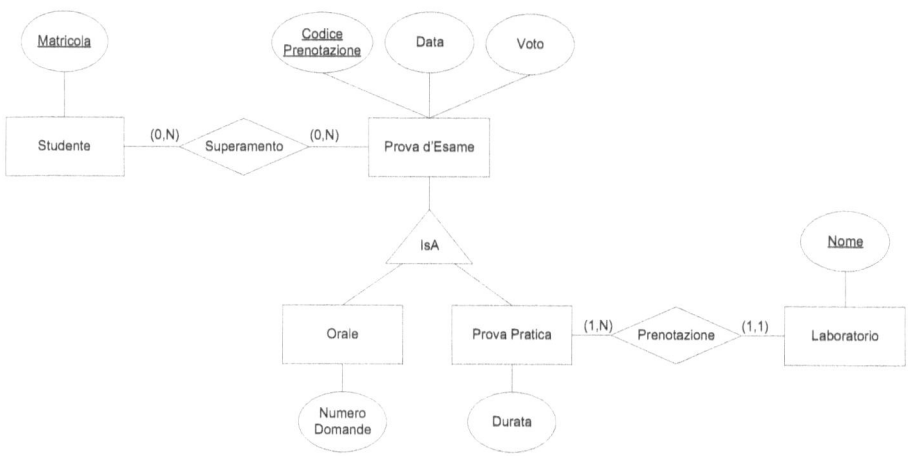

Figura 32: Un diagramma E/R con generalizzazioni

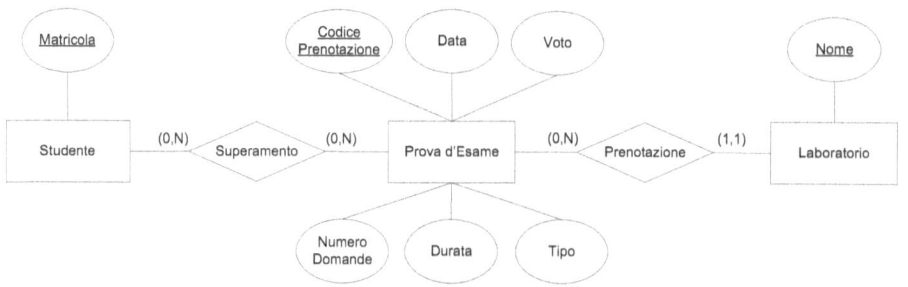

Figura 33: Una possibile ristrutturazione dello schema di Figura 32

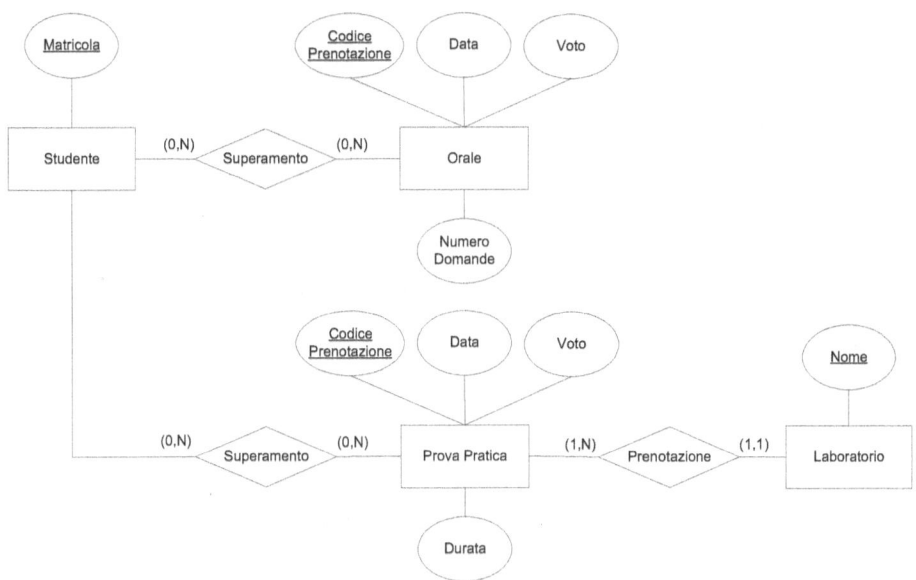

Figura 34: Un'altra possibile ristrutturazione dello schema di Figura 32

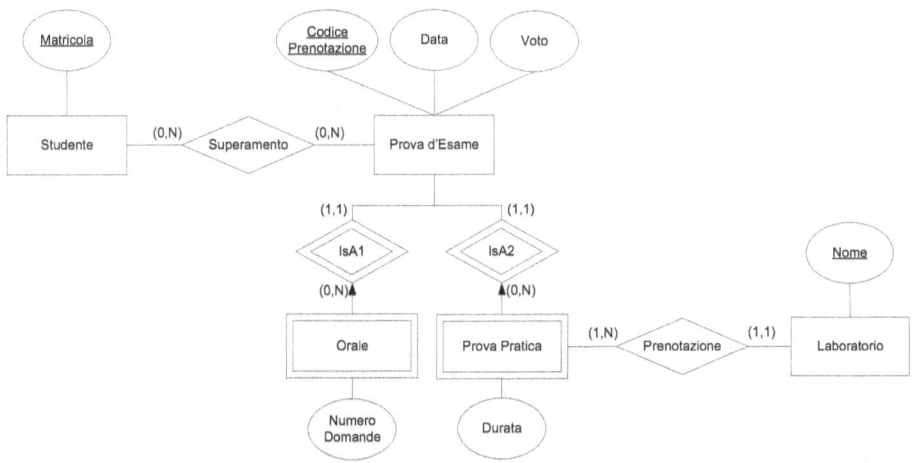

Figura 35: Ancora una possibile ristrutturazione dello schema di Figura 32

Analisi dei dati ridondanti

Come s'è visto, alcuni attributi di talune entità possono essere ridondanti rispetto ai restanti, poiché da questi derivati o derivabili.

Ad esempio, se per l'entità PERSONA si prevedono sia l'attributo Data di nascita sia l'attributo Età, è palese come quest'ultimo sia calcolabile a partire dal primo; un altro esempio è dato da attributi derivabili per conteggio di tuple: ad esempio se l'entità CORSO DI LAUREA presenta l'attributo Numero Iscritti, contenente l'informazione di quanti studenti sono iscritti a quel corso di laurea, è palese che questa informazione potrebbe essere ricavata per conteggio delle occorrenze dell'entità STUDENTE che partecipano alla relazione ISCRIZIONE. In Figura 36 è mostrato lo schema relativo al nostro esempio.

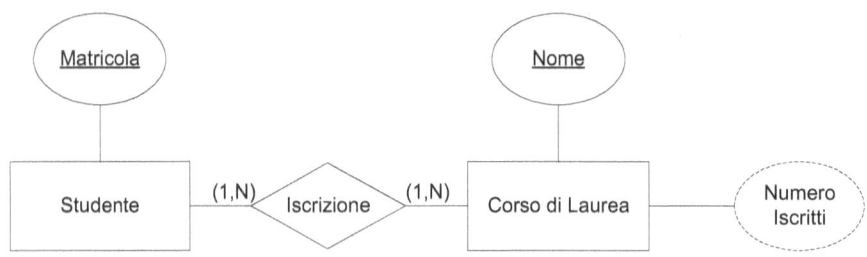

Figura 36: Esempio di schema con un attributo derivato

Il progettista si troverà, pertanto, di fronte alla scelta tra il mantenere e l'eliminare gli attributi ridondanti. Per operare tale scelta nel migliore dei modi, il progettista dovrebbe avere alcune informazioni molto importanti: la tipologia delle operazioni previste sulle entità coinvolte e la relativa frequenza, nonché il numero di occorrenze previste a regime per le entità stesse. Il progettista dovrà altresì tenere presente che le operazioni in scrittura sono generalmente più onerose di quelle in lettura (una valida strategia è quella di reputare l'onere di una operazione in scrittura pari al doppio dell'onere di una operazione in lettura).

Ad esempio, supponiamo che:

- l'entità STUDENTI abbia, a regime, un volume di circa 50.000

occorrenze;

- l'entità CORSO DI LAUREA abbia, a regime, un volume di circa 25 occorrenze;

- uno studente sia iscritto ad un solo corso di laurea;

- ad ogni corso di laurea siano iscritti, mediamente, 2.000 studenti;

- venga interrogato circa 50 volte al giorno il numero di iscritti ad un dato corso di laurea;

- ad un corso di laurea vengano iscritti, mediamente, 10 studenti al giorno.

Per capire se convenga mantenere l'attributo derivato Numero Iscritti possiamo ragionare come segue.

- Senza attributo derivato, il calcolo di iscritti per ogni corso di laurea prevedrebbe, mediamente, i seguenti accessi:

    o 2.000 accessi in lettura alla relazione ISCRIZIONE;

    o 1 accesso in lettura all'entità CORSO DI LAUREA;

    il tutto 50 volte al giorno. Ne deriva un totale di operazioni giornaliere pari a 50*(2.000+1) = 100.050.

- Senza attributo derivato, la nuova iscrizione di uno studente ad un corso di laurea prevedrebbe i seguenti accessi:

    o 1 accesso in scrittura all'entità STUDENTE;

    o 1 accesso in scrittura alla relazione ISCRIZIONE;

    il tutto 10 volte al giorno. Considerando le operazioni in scrittura pari a due volte le operazioni in lettura (in quanto più onerose), ne deriva un totale di operazioni giornaliere pari a 10*(2*1+2*1) = 40 operazioni.

- In presenza di attributo derivato, il calcolo di iscritti per ogni corso di laurea prevedrebbe, mediamente, i seguenti accessi:

  o 1 accesso in lettura all'entità CORSO DI LAUREA;

  il tutto 50 volte al giorno. Ne deriva un totale di operazioni giornaliere pari a 50*1 = 50.

- In presenza di attributo derivato, la nuova iscrizione di uno studente ad un corso di laurea prevedrebbe i seguenti accessi:

  o 1 accesso in scrittura all'entità STUDENTE;

  o 1 accesso in scrittura alla relazione ISCRIZIONE;

  o 1 accesso in lettura all'entità CORSO DI LAUREA (per cercare il corso di laurea a cui si iscrive lo studente);

  o 1 accesso in scrittura all'entità CORSO DI LAUREA (per incrementare di uno il valore dell'attributo derivato);

  il tutto 10 volte al giorno. Considerando le operazioni in scrittura pari a due volte le operazioni in lettura (in quanto più onerose), ne deriva un totale di operazioni giornaliere pari a 10*(2*1+2*1+1+2*1) = 70 operazioni.

Considerando che l'attributo derivato potrebbe essere codificato con un intero di 4 byte (ma ne basterebbero anche solo 2) e che l'entità CORSO DI LAUREA ha circa 25 occorrenze, lo spreco di spazio per la memorizzazione del dato derivato è pari, mediamente, a 4*25 = 100 byte, senz'altro trascurabili.

La presenza dell'attributo derivato farebbe pertanto risparmiare (100.050+40) − (50+70) = 99.970 operazioni giornaliere a fronte di soli 100 byte di spazio aggiuntivo utilizzato: senz'altro un buon vantaggio.

Non bisogna mai dimenticare, però, che se si decide di mantenere i dati derivati bisogna stare molto attenti ad evitare disallineamenti nella base dati: se, ad esempio, l'aggiornamento del dato derivato è delegato esclusivamente all'applicazione, allora agendo direttamente sulla base dati, in assenza di eventuali *trigger*, si potrebbe commettere l'errore di aggiornare i soli dati di base e non quello derivato, andando così a compromettere la coerenza del contenuto informativo del database.

Partizionamento di entità o relazioni

In questa fase di ristrutturazione, sebbene ciò non sia strettamente necessario al fine della traduzione dello schema concettuale nel modello relazionale, è conveniente, comunque, fare qualche riflessione sulle entità e sulle relazioni individuate e definite in fase di progettazione concettuale. Può essere conveniente, difatti, operare dei partizionamenti al fine di ottimizzare le prestazioni della base dati progettata.

Per capire se tale operazione sia opportuna, conviene far riferimento al carico applicativo del database che si può ipotizzare si abbia a regime, considerando la tipologia di operazioni previste e gli attributi o le tuple coinvolte.

Esistono, essenzialmente, due tipi di partizionamento:

- Partizionamento verticale: da un'entità (o da una relazione) ne vengono ricavate due, suddividendo gli attributi opportunamente tra le due entità (o tra le due relazioni). Ciò può essere conveniente se le operazioni che si prevede che verranno eseguite su quella porzione di base dati riguardano in modo mutuamente esclusivo i due set di attributi: in tal caso, potrebbe convenire separarli per ottimizzare e parallelizzare gli accessi. Inoltre, generare entità logiche con pochi attributi si traduce nel creare tabelle con un numero limitato di colonne: ciò consente di recuperare, con un accesso in lettura alla tabella, un maggior numero di tuple. Si consideri, ad esempio, il diagramma di Figura 37: in esso, l'entità PROGETTO presenta sia attributi generali del progetto (il nome ed il responsabile, ad esempio), sia attributi relativi all'avanzamento del progetto e dati economici, come i costi sostenuti ed il budget. Se le operazioni accedessero separatamente ai dati generali e di avanzamento rispetto ai dati economici del progetto, si potrebbe pensare al partizionamento di Figura 38. Un'altra possibilità che viene spesso percorsa è quella di separare i dati statici o semistatici dell'entità (ad esempio dati anagrafici) da quelli più dinamici, che, invece, subiscono variazioni con maggior frequenza. Tale esempio di partizionamento è mostrato in Figura 39.

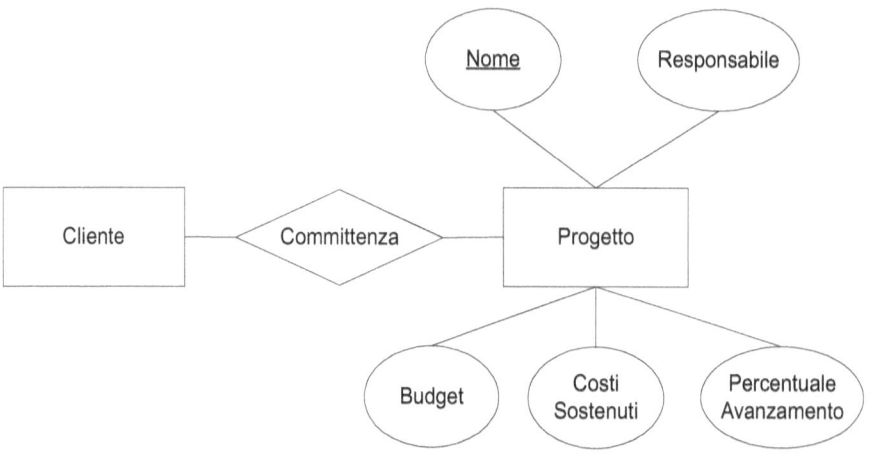

Figura 37: Un diagramma con un'entità da partizionare verticalmente

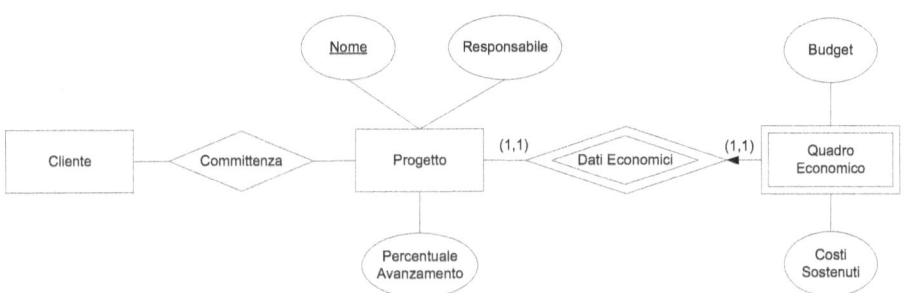

Figura 38: Un possibile partizionamento verticale dell'entità Progetto

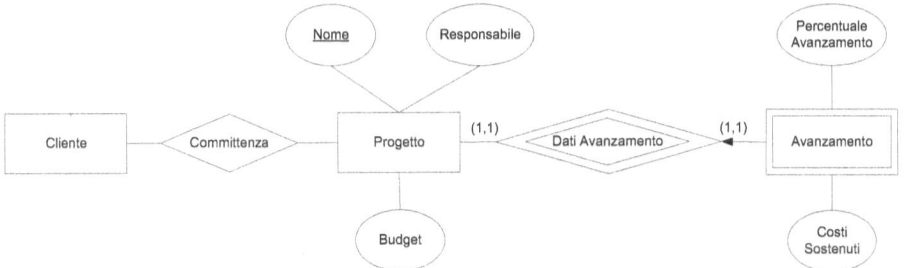

Figura 39: Un altro possibile partizionamento verticale dell'entità Progetto

- Partizionamento orizzontale: da un'entità (o da una relazione) ne vengono ricavate due, con gli stessi attributi dell'entità (o della relazione), ma a cui afferiscono occorrenze diverse. Ad esempio, come mostrato in Figura 40, si può ipotizzare un partizionamento orizzontale dell'entità IMPIEGATO nelle entità IMPIEGATO TECNICO ed IMPIEGATO AMMINISTRATIVO. Ciò può risultare conveniente se le operazioni che si prevede che verranno eseguite su quella porzione di base dati riguardano in modo mutuamente esclusivo le occorrenze relative alle due diverse tipologie di impiegato: in tal caso, separando tali occorrenze, si potrebbero ottenere miglioramenti prestazionali della base dati grazie alla possibile parallelizzazione degli accessi. Si noti che il partizionamento orizzontale di un'entità comporta lo sdoppiamento non solo dei suoi attributi, ma anche delle relazioni a cui partecipava l'entità originaria.

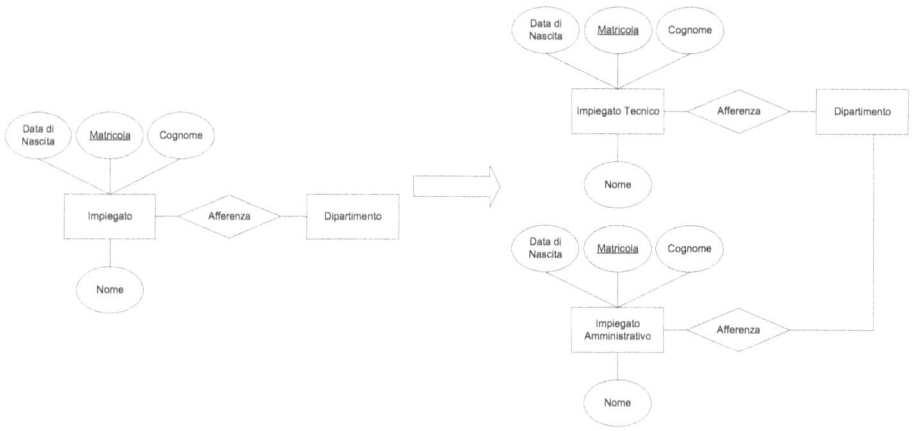

Figura 40: Esempio di decomposizione orizzontale

Accorpamento di entità o relazioni

In modo del tutto duale a quanto visto relativamente al partizionamento, è possibile pensare di accorpare entità o relazioni, se ciò può risultare utile ai fini del miglioramento delle prestazioni della nostra base dati.

Si pensi, ad esempio, al caso in cui due entità siano in relazione uno ad uno tra loro e si supponga che le operazioni che accedono all'una comportino, generalmente, anche l'accesso all'altra entità. In tal caso, potrebbe convenire accorpare le entità eliminando la relazione, portando tutti gli attributi delle entità e delle relazioni coinvolte su un'unica entità.

Il diagramma di Figura 41 offre un esempio di tale evenienza. Come è possibile evincere dal diagramma, nel nostro esempio ogni azienda ha una sola sede legale attuale e può aver cambiato, in passato, una o più sedi legali, di cui si vuole aver traccia.

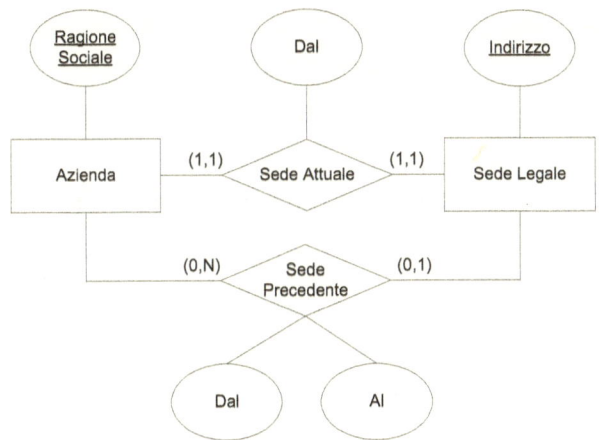

Figura 41: Esempio di entità e relazioni accorpabili

Se i dati della sede legale attuale vengono acceduti quasi sempre congiuntamente ai dati relativi alla ragione sociale dell'azienda, può convenire accorpare in AZIENDA i dati della sede legale attuale, eliminando di fatto la relazione SEDE ATTUALE. Ne deriva lo schema di figura Figura 42.

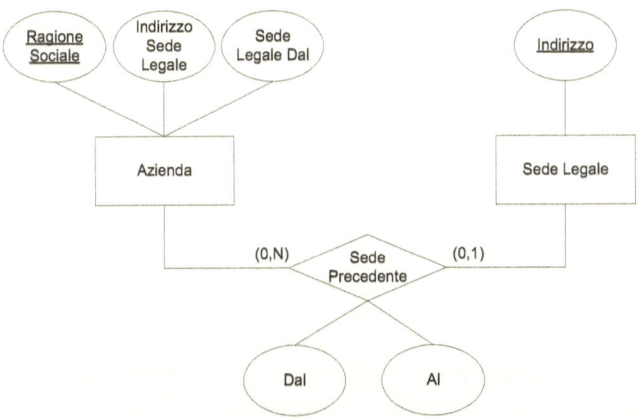

Figura 42: Esempio di accorpamento di entità

Si supponga, invece, che le operazioni previste per la nostra base dati non facciano differenza tra i dati relativi alla sede attuale e quelli relativi alla sede precedente e che gli accessi ai dati coinvolgano sempre congiuntamente i dati relativi alla sede attuale e quelli relativi alle sedi precedenti. Potrà convenire, in tal caso, accorpare le relazioni SEDE PRECEDENTE e SEDE ATTUALE, ottenendo in tal modo lo schema di figura Figura 43.

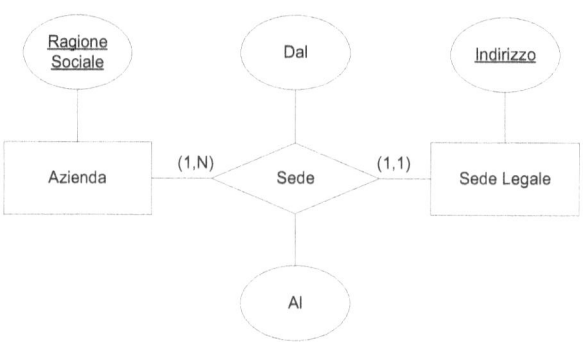

Figura 43: Esempio di accorpamento di relazioni

Si noti come, in questo caso, l'attributo Al assuma valore nullo nell'occorrenza relativa alla sede legale attuale.

È opportuno prestare particolare attenzione quando si accorpano entità o relazioni: se durante la fase di analisi concettuale sono stati identificati concetti formalizzati con entità o relazioni distinte, l'accorpamento indiscriminato potrebbe portare a basi dati denormalizzate, in quanto potrebbe sfuggire, in sede di progettazione logica, la particolare configurazione del dominio applicativo che ha portato a quelle precise scelte in sede di progettazione concettuale. È opportuno, pertanto, prima di procedere all'accorpamento di entità o di relazioni, chiarire con i progettisti che hanno curato la precedente fase di progettazione concettuale le motivazioni che hanno spinto ad identificare entità o relazioni separate e se reputano percorribile e condivisibile la scelta dell'accorpamento.

Scelta delle chiavi primarie

A valle della ristrutturazione del diagramma E/R si rende necessaria l'individuazione delle chiavi primarie delle entità. Difatti, nel modello relazionale, è necessario che le chiavi primarie non presentino, sugli attributi che le costituiscono, valori nulli, oltre ad avere la proprietà di identificare univocamente ogni occorrenza dell'entità. Come visto, alcune operazioni di ristrutturazione potrebbero comportare l'introduzione di valori nulli su alcuni attributi di talune entità. Si rende necessaria, pertanto, l'identificazione degli attributi che possono meglio candidarsi a chiave primaria.

Ma la necessità della scelta degli attributi da eleggere a chiave primaria si rende anche importante per migliorare le prestazioni del database che si sta progettando. Difatti, gli attributi della chiave primaria sono quelli che vengono normalmente utilizzati nelle operazioni di join tra tabelle; inoltre, sulle chiavi primarie vengono costruiti gli *indici,* ossia delle strutture dati ausiliarie utilizzate per migliorare i tempi di ricerca, di ordinamento, di aggregazione e di accesso ai dati sui quali sono definiti.

Per operare una scelta saggia degli attributi della chiave primaria occorre tener presenti le seguenti osservazioni:

- Chiavi primarie costituite da più attributi rendono più onerosa la gestione e la manutenzione degli indici e rendono più complesse le query per quanto riguarda le operazioni di join;

- Bisogna stare attenti a non scegliere come chiave primaria un set di attributi che in futuro potrebbe non essere più in grado di identificare univocamente le occorrenze dell'entità. Si pensi, ad esempio, all'attributo Matricola dell'entità STUDENTE: se il nostro database dovrà, in futuro, ospitare anche dati di studenti provenienti da altre università, questo attributo potrebbe, da solo, non essere più sufficiente ad identificare univocamente le occorrenze dell'entità STUDENTE;

- È preferibile individuare, laddove possibile, come chiave primaria di un'entità, attributi dell'entità stessa, evitando l'utilizzo di chiavi esterne, in modo da evitare la generazione di chiavi con troppi attributi;

Qualora nessun attributo o set di attributi risponda alle caratteristiche sopra riportate, è sempre possibile introdurre un codice numerico progressivo che può identificare univocamente tutte le occorrenze. In realtà, generalmente, i progettisti preferiscono comunque utilizzare codici numerici progressivi (i cosiddetti *ID*) per rendere più robusto il database progettato: anche in caso di ampliamenti del sistema informativo o di variazioni del dominio applicativo (ad esempio per modifiche normative, per la nascita di nuovi requisiti utente, etc.), il codice numerico progressivo sarà sempre una valida chiave primaria. Su eventuali altri insiemi di attributi eleggibili a chiave primaria (ovvero con tutte le caratteristiche di una chiave primaria) non scelti come chiave primaria (cosiddette *chiavi secondarie*), sui quali, semmai, vengono eseguiti molti accessi o che vengono utilizzati spesso per operazioni di aggregazione od ordinamento, è comunque possibile definire degli indici in sede di progettazione fisica per migliorare le prestazioni del database. Pertanto, nella documentazione allegata allo schema logico converrà segnalare anche le possibili chiavi secondarie. Peraltro, come si vedrà nel capitolo dedicato alla progettazione fisica, gli indici hanno anche degli effetti negativi in quanto rendono più lente le operazioni di inserimento, modifica e cancellazione ed aumentano l'uso della memoria di massa.

Pertanto, prima di definire i campi sui quali creare gli indici occorre ben valutare quali siano le operazioni più frequenti sulla base dati e se la costruzione degli indici su tali campi possa apportare effettivi benefici in termini di prestazioni del sistema.

Traduzione verso il modello relazionale

Una volta completata la ristrutturazione dello schema concettuale, il diagramma Entità/Relazioni presenterà soltanto costrutti che possono essere ricondotti facilmente a specifici elementi del modello relazionale.

Anche in questa fase il progettista è chiamato ad operare alcune scelte: nella traduzione delle entità e delle relazioni in tabelle del modello relazionale possono esistere, difatti, più alternative. Le modalità di traduzione e le alternative possibili dipendono, essenzialmente, dalle cardinalità con cui le entità partecipano alle relazioni.

Nel seguito vengono esaminati i diversi casi che si possono verificare le tecniche per affrontarli.

Relazione molti a molti

La traduzione di una relazione molti a molti tra due (o più) entità avviene molto semplicemente:

- Ogni entità viene trasformata in una tabella che ha come colonne gli attributi dell'entità e come chiave primaria gli attributi della chiave primaria dell'entità;

- La relazione viene trasformata in una tabella (detta *tabella di cross*) che ha come colonne, oltre agli attributi della relazione, tutti gli attributi delle chiavi delle entità che partecipano alla relazione. Questi ultimi attributi costituiranno la chiave primaria della tabella[1].

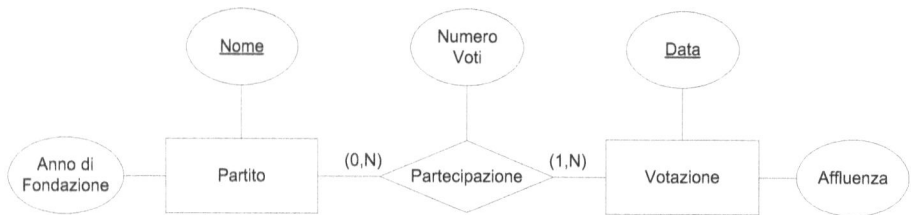

Figura 44: Un diagramma con una relazione molti a molti

Ne consegue, applicando tali indicazioni all'esempio di Figura 44, la seguente traduzione:

- PARTITO (Nome, AnnoFondazione);

- VOTAZIONE (Data, Affluenza);

- PARTECIPAZIONE (NomePartito, DataElezione, NumeroVoti).

Sussistono i seguenti vincoli di integrità referenziale:

- PARTECIPAZIONE (NomePartito) → PARTITO (Nome);

- PARTECIPAZIONE (DataElezione) → VOTAZIONE (Data).

Si noti che l'entità PARTITO ha partecipazione opzionale: difatti, un partito potrebbe non presentarsi ad una tornata elettorale. Tale evenienza non comporta, in ogni caso, valori nulli: in tal caso, semplicemente, la tupla relativa a quel partito, per quella specifica tornata elettorale, non sarà presente nella tabella di cross PARTECIPAZIONE.

---

[1] In caso di relazioni ternarie o di ordine superiore bisogna verificare se tale chiave non sia ridondante: in tal caso, converrà espungere gli attributi ridondanti dalla chiave.

Relazione uno a molti

Teoricamente, la traduzione vista per le relazioni molti a molti sarebbe adattabile anche agli altri tipi di relazioni: d'altro canto, le relazioni uno a molti e uno a uno possono essere viste come casi particolari di relazioni molti a molti. Peraltro, è possibile, per le relazioni non molti a molti, fare a meno della tabella di cross, semplificando, pertanto, la base dati e le modalità di accesso ai dati della stessa. Difatti, la presenza della tabella di cross, per quanto renda il sistema flessibile nei confronti di sviluppi futuri del dominio applicativo, rende più complicate ed onerose le query nelle quali sono coinvolte due o più entità relazionate, in quanto bisognerà fare un join tra le tabelle relative alle entità e la tabella di cross. Risulta pertanto conveniente, ove possibile, fare a meno della tabella di cross: ciò è senz'altro possibile per le relazioni uno a molti ed uno a uno. In questo paragrafo vediamo come tradurre le relazioni uno a molti in tabelle del modello relazionale.

Supponiamo di voler tradurre il diagramma di Figura 45.

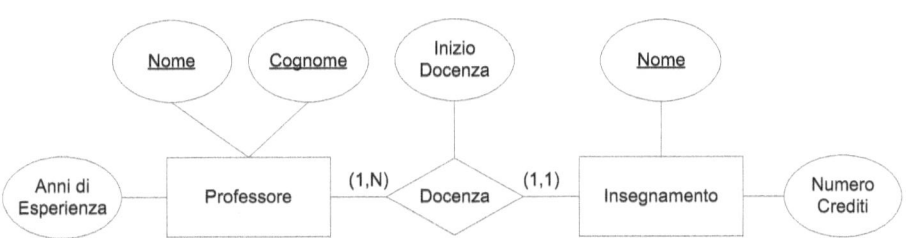

Figura 45: Un diagramma con una relazione uno a molti

In questo caso la traduzione sarebbe:

- PROFESSORE (<u>Nome, Cognome</u>, AnniEsperienza);

- INSEGNAMENTO (<u>Nome</u>, NumeroCrediti, NomeProfessore, CognomeProfessore, InizioDocenza).

Con il seguente vincolo di integrità referenziale:

- INSEGNAMENTO (NomeProfessore, CognomeProfessore) → PROFESSORE (Nome, Cognome).

Resta altresì possibile la soluzione con la tabella di cross, sempre in previsione di eventuali sviluppi del dominio applicativo per i quali la relazione potrebbe diventare molti a molti.

In caso di partecipazione opzionale dell'entità parte "molti" (in questo caso INSEGNAMENTO) si potrebbero avere valori nulli sulla chiave esterna (NomeProfessore, CognomeProfessore) e sull'attributo della relazione, InizioDocenza: significherebbe che quello specifico insegnamento, allo stato, non ha un docente. Per evitare l'eventualità di avere valori nulli è possibile l'utilizzo della tabella di cross.

In caso di partecipazione opzionale della parte "uno" (in questo caso PROFESSORE: potrebbero esserci, in tal caso, professori cui non sono state attribuite docenze) non ci sarebbero problemi di valori nulli.

Supponiamo, ora, di trovarci in uno scenario nel quale l'entità PROFESSORE sia identificata esternamente dall'entità INSEGNAMENTO, come nel diagramma di Figura 46.

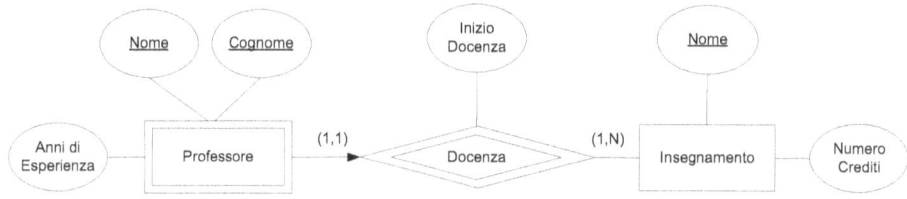

Figura 46: Un diagramma con una relazione debole uno a molti

In tale scenario, un professore può essere docente di al più un insegnamento, mentre un insegnamento può avere più docenti.

Inoltre, l'entità PROFESSORE non viene identificata solo dai suoi attributi, ma è un'entità debole e viene identificata esternamente dalla relazione DOCENZA. Anche in questo caso la traduzione avviene su due tabelle e la chiave esterna NomeInsegnamento concorre a formare la chiave della tabella PROFESSORE.

La traduzione, pertanto, sarà:

- PROFESSORE (<u>Nome, Cognome, NomeInsegnamento</u>, AnniEsperienza, InizioDocenza);

- INSEGNAMENTO (<u>Nome</u>, NumeroCrediti).

Con il seguente vincolo di integrità referenziale:

- PROFESSORE (NomeInsegnamento) → INSEGNAMENTO (Nome).

Relazione uno ad uno

Consideriamo l'esempio di Figura 47. Per tradurre tale schema nel modello relazionale sono possibili, essenzialmente tre alternative:

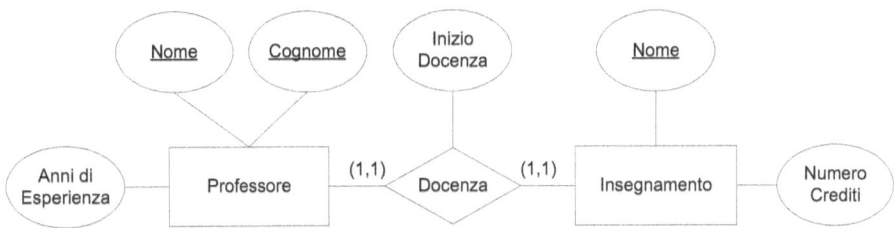

Figura 47: Diagramma E/R da tradurre con relazione uno ad uno

1. Creare tre tabelle, due per le entità ed una per la relazione: questa alternativa, che è valida per tutti i casi analizzati, in realtà è consigliabile soltanto nel caso in cui essa è strettamente necessaria, ovvero per le relazioni molti a molti. Questa scelta porta alla seguente configurazione:

   - PROFESSORE (<u>Nome, Cognome</u>, AnniEsperienza);

- INSEGNAMENTO (<u>Nome</u>, NumeroCrediti);

- DOCENZA   (<u>NomeProfessore,   CognomeProfessore,
  NomeInsegnamento</u>, InizioDocenza).

Sussistono i seguenti vincoli di integrità referenziale:

- DOCENZA   (NomeProfessore, CognomeProfessore) →
  PROFESSORE (Nome, Cognome);

- DOCENZA   (NomeInsegnamento)   →   INSEGNAMENTO
  (Nome).

Le entità, pertanto, vengono tradotte naturalmente in tabelle ad esse del tutto speculari, mentre la relazione viene tradotta in una tabella che ha per colonne gli attributi chiave delle entità coinvolte, oltre agli attributi propri della relazione.

Si noti che per una relazione uno ad uno non è necessario eleggere a chiave della tabella di cross tutti i suoi attributi: per la tabella DOCENZA basta, difatti o la sola coppia (NomeProfessore, CognomeProfessore) o il solo attributo NomeInsegnamento. Peraltro, se si sceglie tale soluzione per i futuri ampliamenti del sistema, conviene porsi nell'ottica di una relazione molti a molti e pertanto, a tal punto, conviene scegliere come chiave l'intera tripla di attributi.

2. Creare due tabelle relative alle entità, portando nella tabella INSEGNAMENTO gli attributi chiave dell'entità PROFESSORE (che diventano chiave esterna) e gli attributi della relazione.

   Questa scelta porta alla seguente traduzione:

   - PROFESSORE (<u>Nome, Cognome</u>, AnniEsperienza);

   - INSEGNAMENTO (<u>Nome</u>, NumeroCrediti, NomeProfessore,

CognomeProfessore, InizioDocenza).

Sussiste il seguente vincolo di integrità referenziale:

- INSEGNAMENTO (NomeProfessore, CognomeProfessore) → PROFESSORE (Nome, Cognome).

3. Specularmente alla soluzione precedente, è possibile creare due tabelle relative alle entità, portando nella tabella PROFESSORE gli attributi chiave dell'entità INSEGNAMENTO (che diventano chiave esterna) e gli attributi della relazione.

Questa scelta porta alla seguente configurazione:

- PROFESSORE (Nome, Cognome, AnniEsperienza, NomeInsegnamento, InizioDocenza);

- INSEGNAMENTO (Nome, NumeroCrediti).

Vale il seguente vincolo di integrità referenziale:

- PROFESSORE (NomeInsegnamento) → INSEGNAMENTO (Nome).

In caso di partecipazione opzionale di una delle due entità, converrà scegliere l'alternativa che evita l'introduzione di valori nulli. In caso di partecipazione opzionale per entrambe le entità, l'unico modo per evitare valori nulli è l'utilizzo della prima alternativa.

Normalizzazione

Il processo di normalizzazione consiste nella verifica dell'esistenza di ridondanze, inconsistenze ed anomalie dello schema dati e nei conseguenti interventi di ristrutturazione dello stesso volti all'eliminazione di tali problemi.

Generalmente, la normalizzazione rimuove le duplicazioni e

minimizza le ridondanze dei dati: ne consegue una migliore organizzazione dei dati, un minore spreco di spazio fisico necessario per la memorizzazione dei dati e la riduzione (se non l'eliminazione) delle anomalie. Peraltro, esistono casi in cui la normalizzazione non è la miglior soluzione per l'organizzazione dei dati: nei data warehouse, ad esempio, spesso conviene denormalizzare i dati per evitare operazioni di join che potrebbero essere fatali per le prestazioni delle operazioni di interrogazione.

I problemi che possono insorgere a causa di schemi dati non normalizzati sono le ridondanze e le anomalie (da cancellazione, da inserimento, da modifica). Vediamone un esempio.

Consideriamo la tabella PROFESSORE (<u>Nome, Cognome</u>, DataNascita, Dipartimento, IndirizzoDipartimento). Tale tabella potrebbe contenere, ad esempio, i seguenti dati:

Nome	Cognome	DataNascilta	Dipartimento	Indirizzo Dipartimento
Mario	Rossi	01/10/1965	Informatica	Via Roma, 12
Mario	Bianchi	02/11/1945	Matematica	Via Bari, 34
Giuseppe	Neri	08/06/1965	Matematica	Via Bari, 34
Mauro	Azzurri	09/03/1946	Matematica	Via Bari, 34
Guido	Verdi	07/03/1966	Fisica	Via Torino, 15
Nicola	Celesti	06/08/1954	Informatica	Via Roma, 12

In tale tabella è possibile osservare i seguenti problemi:

- Ridondanza: l'indirizzo del dipartimento è ripetuto per ogni professore afferente a quel dipartimento;

- Anomalia da inserimento: non è possibile inserire l'indirizzo di un dipartimento se non si inserisce, contestualmente, un professore che vi afferisce;

- Anomalia da cancellazione: eliminando tutti i professori afferenti ad un dipartimento, si perdono anche le informazioni relative all'indirizzo del dipartimento stesso;

- Anomalia da modifica: per modificare l'indirizzo di un dipartimento occorre modificare tutte le tuple relative ai professori che vi afferiscono.

Come è facile intuire, la causa di questi problemi è l'aver accorpato, in un'unica tabella, due concetti differenti: quello di "professore" e quello di "dipartimento". Ma procediamo con ordine.

Nel seguito verrà proposta una trattazione semplice e pratica delle diverse forme normali, da intendersi come un valido strumento di diagnostica a posteriori dello schema dati progettato.

Il concetto alla base della teoria della normalizzazione è quello di *dipendenza funzionale*. Si dice che un insieme di attributi A dipende funzionalmente da un altro insieme di attributi B quando, fissato il valore degli attributi dell'insieme B, è univocamente determinato il valore degli attributi dell'insieme A. In poche parole, gli attributi di B determinano il valore degli attributi di A. È palese che una chiave sottintende una dipendenza funzionale: tutti gli attributi di una tabella dipendono funzionalmente dalla chiave della tabella stessa.

La "qualità" di una base dati sul fronte della normalizzazione è "certificata" dalle cosiddette *forme normali*. Le forme normali definiscono una serie di controlli che consentono di verificare il livello di bontà di uno schema dati. Esistono diverse forme normali:

- Prima forma normale (1NF);

- Seconda forma normale (2NF);

- Terza forma normale (3NF);

- Forma normale di Boyce e Codd (BCNF).

Esistono, inoltre, la quarta e la quinta forma normale (4NF e 5NF), ma le stesse, peraltro, sono raramente utilizzate, poiché il rigoroso rispetto di tali forme normali comporta, in genere, un degrado prestazionale nelle operazioni di selezione e modifica dei dati che non è controbilanciato da effettivi benefici. 4NF e 5NF, per tale motivo, verranno escluse dalla trattazione che segue.

Una base dati è in 1NF se e solo se, per ogni tabella, ogni attributo è definito su un dominio con valori atomici ed è presente una chiave primaria.

Una base dati è, invece, in 2NF quando è in 1NF e per ogni tabella tutti i campi non chiave dipendono funzionalmente dall'insieme completo degli attributi costituenti la chiave primaria e non solo da un loro sottoinsieme.

Una base dati è in 3NF se è in 2NF e per ogni dipendenza funzionale di Y da X o X è una superchiave della relazione o Y è membro di una chiave della tabella.

È possibile dimostrare che ogni relazione può essere convertita in 3NF.

Una tabella è in BCNF se e solo se per ogni dipendenza funzionale non banale di Y da X, X è una superchiave.

A differenza della 3NF, non è detto che una base dati possa essere portata in BCNF. Ciò è indice che la base dati è affetta da un'anomalia di cancellazione.

La metodologia di progettazione proposta in questo volume, se seguita in modo corretto, consente di pervenire a schemi di basi dati già normalizzati. In ogni caso, le verifiche sull'effettiva normalizzazione dello schema dati cui si è pervenuti a valle dell'iter progettuale consentono di diagnosticare, prima di un ulteriore passaggio alla progettazione fisica e al conseguente esercizio, gli eventuali problemi che affliggono lo schema dati stesso. Qualora si dovessero riscontrare eventuali problemi, il progettista potrà apportare le opportune modifiche tese ad eliminarli. Tali modifiche potranno consistere in una o più decomposizioni consigliate dalle tecniche di normalizzazione, oppure in un feedback verso la progettazione concettuale per le parti di schema affette da tali problemi. L'approccio proposto in questo volume predilige senz'altro quest'ultima alternativa, pertanto per una trattazione approfondita delle tecniche di normalizzazione si rimanda ad altri testi.

Un esempio di progettazione logica

Riprendiamo l'esempio del database per l'emittente radiofonica visto nel capitolo precedente. In tale capitolo siamo giunti ad un diagramma E/R concettuale (Figura 26) che ora faremo evolvere verso un modello logico di base dati, seguendo le tecniche viste in questo capitolo.

Poiché si intende adottare il modello relazionale come modello di database di riferimento, il primo passo da compiere, come visto, è la ristrutturazione del modello concettuale al fine di adattarlo al modello relazionale, eliminando opportunamente dal diagramma E/R tutti quei costrutti che non hanno una controparte nel modello relazionale.

La prima operazione da effettuare è l'eliminazione degli attributi composti. Nel nostro diagramma concettuale abbiamo l'attributo Posizione, composto dagli attributi Scaffale e Ripiano. Per eliminare l'attributo composto ci basta portare gli attributi Scaffale e Ripiano direttamente sull'entità SUPPORTO, eliminando semplicemente la composizione. Un'alternativa potrebbe essere quella di dare alla posizione del supporto la dignità di entità, creando una nuova entità POSIZIONE relazionata con SUPPORTO, con gli attributi Scaffale e Ripiano. Tale decisione è da prendere caso per caso, a seconda anche dei possibili sviluppi ipotizzabili per l'applicazione. Nel nostro caso, preferiamo non complicare la gestione dei dati e le relative interrogazioni, evitando di introdurre una nuova entità che comporterebbe la necessità di un join per risalire dal supporto alla posizione, anche perché è facilmente presumibile che si acceda al supporto principalmente per ricavarne la posizione fisica e pertanto separare gli attributi Scaffale e Ripiano dall'entità SUPPORTO comporterebbe soltanto maggiori oneri elaborativi.

Per eliminare la gerarchia IsA relativa al supporto, dato che le entità specializzate CD e VINILE non presentano attributi e non avendo, dall'analisi dei requisiti, indicazioni circa eventuali differenziazioni degli accessi alle tuple a seconda della loro specializzazione, converrà scegliere di collassare la gerarchia sull'entità padre, aggiungendo a questa l'attributo Tipo, che consentirà di distinguere i CD dai vinili.

Per quel che riguarda i dati ridondanti, osserviamo che l'attributo DurataTotale dell'entità ALBUM è derivabile sommando le singole durate dei brani che compongono l'album stesso. Per decidere se convenga mantenere o meno l'attributo derivato nello schema concettuale, dobbiamo analizzare i costi ed i benefici introdotti dall'attributo derivato, per poi decidere come sia più conveniente agire. A tal fine dovremo chiedere al nostro committente (se tale informazione non sia stata già ottenuta durante l'attività di raccolta dei requisiti) la frequenza delle operazioni che coinvolgono gli attributi coinvolti.

Supponiamo che:

- Si interroghi il database per ottenere la durata di un album 3.000 volte al giorno;

- Si inseriscano nuovi brani circa 20 volte al giorno.

A questo punto, senza attributo derivato:

- per restituire la durata di un album occorre sommare le durate dei brani ivi contenuti (in media 10 per album, come recita il requisito). Pertanto, al giorno, per tale operazione sono prevedibili 3.000*10 = 30.000 accessi in lettura;

- non c'è alcun impatto aggiuntivo provocato dall'assenza dell'attributo derivato a fronte dell'inserimento di nuovi brani nella base dati;

Invece, in presenza dell'attributo derivato:

- Per restituire la durata di un album basta interrogare il campo relativo all'attributo derivato, pertanto si hanno 3.000 accessi in lettura al giorno;

- Ogni volta che si inseriscono nuovi brani occorre anche aggiornare la durata dell'album corrispondente; pertanto, occorre eseguire 20 accessi in lettura per cercare l'album a cui appartiene il brano e 20 scritture per aggiornarne la durata totale;

Considerando l'onere delle scritture doppio rispetto a quello delle letture, si ha un carico medio pari a 30.000 operazioni al giorno in assenza dell'attributo derivato, mentre in presenza dello stesso si ha un carico medio giornaliero pari a 3.060 operazioni. Mantenendo l'attributo derivato si risparmiano, pertanto, in media 26.940 operazioni al giorno.

Per quanto riguarda l'occupazione di spazio aggiuntiva dell'attributo derivato, questa è senz'altro trascurabile: avendo circa 5.000 album, volendo codificare la durata con due numeri interi (uno per i minuti e l'altro per i secondi) basterebbero (2+2)*5.000 = 20.000 byte, ossia meno di 20 KB.

Pertanto, dato che i benefici in termini prestazionali apportati dall'attributo derivato sono nettamente superiori agli oneri aggiuntivi in termini di storage per la sua memorizzazione, risulta consigliabile mantenere l'attributo derivato nel nostro schema concettuale ristrutturato.

Non si ritengono necessari partizionamenti o accorpamenti di entità o relazioni.

Per quanto riguarda le chiavi primarie, l'attività di ristrutturazione non comporta, in questo caso, una modifica delle chiavi individuate durante la fase di progettazione concettuale. In ogni caso, al fine di semplificare le operazioni di join tra le tabelle, è consigliabile introdurre degli identificativi progressivi (ID) per le entità che non hanno chiavi primarie numeriche. Pertanto, tranne che per l'entità SUPPORTO, per la quale esiste già una chiave primaria di tipo numerico, si provvede all'aggiunta di un attributo numerico ID (un codice progressivo) a tutte le restanti entità, che sarà eletto chiave primaria di tali entità.

A valle delle considerazioni sopra esposte, è possibile ricavare il diagramma Entità/Relazioni ristrutturato della base dati per l'emittente radiofonica, riportato in Figura 48.

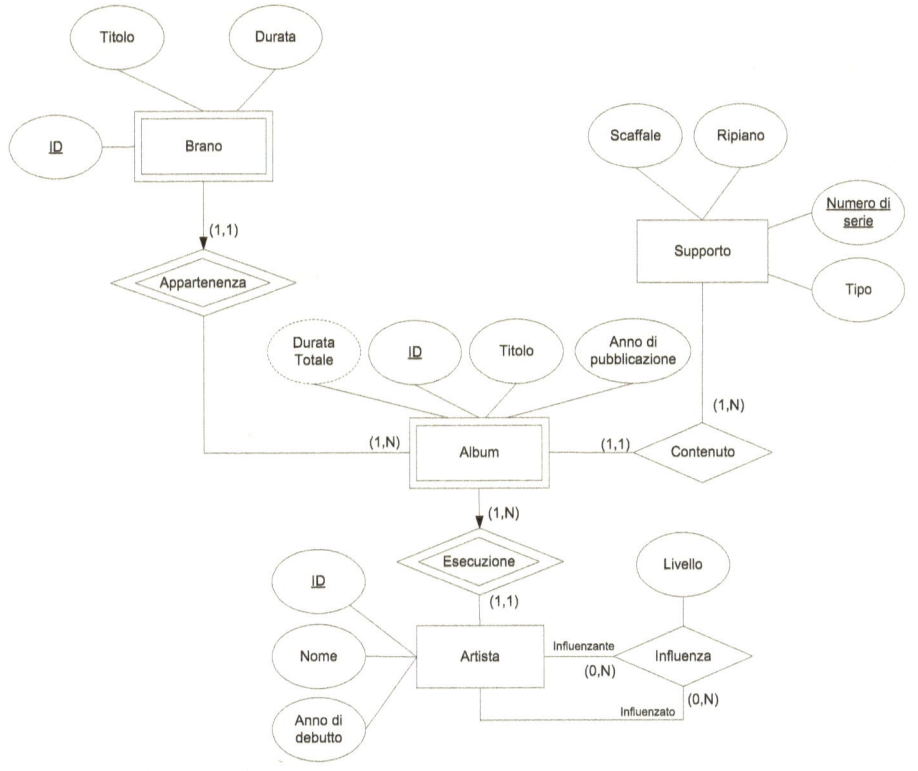

Figura 48: Il diagramma E/R ristrutturato

A questo punto siamo pronti per tradurre il diagramma ristrutturato nel modello relazionale, individuando precisamente le tabelle ed i relativi attributi, nonché i vincoli di integrità referenziale.

Le tabelle della nostra base dati sono:

- ARTISTA (ID, Nome, AnnoDebutto);

- ALBUM (ID, IDArtista, Titolo, AnnoPubblicazione, DurataTotale);

- BRANO (ID, IDAlbum, Titolo, Durata);

- SUPPORTO (NumeroSerie, IDAlbum, Scaffale, Ripiano, Tipo);

- INFLUENZA (IDInfluenzante, IDInfluenzato, Livello).

Sussistono i seguenti vincoli di integrità referenziale:

- ALBUM (IDArtista) → ARTISTA (ID);

- BRANO (IDAlbum) → ALBUM (ID);

- SUPPORTO (IDAlbum) → ALBUM (ID);

- INFLUENZA (IDInfluenzante) → ARTISTA (ID);

- INFLUENZA (IDInfluenzato) → ARTISTA (ID).

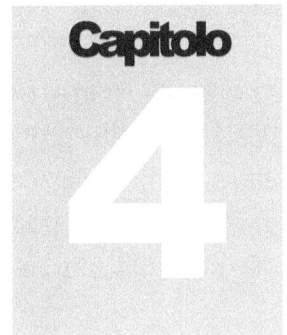

La progettazione fisica

Indici; partizionamenti; viste e viste materializzate.

S copo della progettazione fisica è quello di produrre, a partire dallo schema logico dei dati, lo specifico codice DDL (*Data Definition Language*) per la creazione delle tabelle e dei relativi vincoli intrarelazionali ed interrelazionali sulle stesse. Come si potrà intuire, tale processo è fortemente dipendente dallo specifico RDBMS utilizzato. Difatti, durante tale fase del processo di progettazione, vengono decisi e specificati dettagli implementativi quali le modalità d'impiego delle memorie di massa, nonché i diversi accorgimenti da utilizzare per ottimizzare gli accessi alle strutture dati del database (ad esempio indici e partizionamenti).

Una trattazione esaustiva delle opzioni di storage del database esula dallo scopo di questo volume; peraltro, per tali parametri, praticamente tutti i sistemi RDBMS propongono dei valori di default che sono adatti per la maggior parte degli scopi. Anche una trattazione del codice DDL esula dagli scopi del presente volume: si rimanda a manuali SQL per tale argomento; peraltro, gli attuali strumenti CASE offrono un validissimo supporto nel passaggio dallo schema logico al codice DDL, spesso non necessitando di alcuna azione da parte del progettista. Ci si soffermerà, invece, sulle possibili scelte progettuali che occorre intraprendere nel passaggio allo schema fisico della base dati, ossia le indicazioni che già in fase di progettazione possono essere proposte per ottimizzare gli accessi alle strutture dati del database progettato.

Indici

Gli indici sono strutture dati ausiliarie utilizzate per semplificare e velocizzare le operazioni di selezione, di ordinamento e di join. Definendo un indice su uno o più campi di una tabella viene costruita una struttura dati ordinata ad essa associata, normalmente un albero binario, che contiene i valori contenuti nei campi indicizzati e, ad essi associati, i puntatori alle relative righe della tabella. La selezione, l'ordinamento ed il join su tali campi trarranno giovamento dall'indice su essi definito, poiché anziché dover scandire la tabella (non ordinata), sarà possibile scandire la struttura di indice (ordinata), con ovvi benefici. Di converso, l'indice comporta una maggiore occupazione di memoria di massa per la memorizzazione della struttura ordinata, nonché una complicazione in fase di modifica dei dati della tabella, poiché una qualunque operazione di inserimento o di cancellazione dei dati ivi presenti o la modifica dei valori dei campi indicizzati comportano necessariamente un'ulteriore elaborazione per l'aggiornamento dell'indice. Pertanto, il progettista, a partire dai volumi dei dati e dalle frequenze delle elaborazioni stimate, dovrà verificare se la creazione di un indice possa effettivamente giovare o se possa solo comportare un dannoso onere aggiuntivo. Come è facilmente intuibile, dato che le chiavi primarie delle tabelle sono quelle normalmente utilizzate durante le operazioni di join, l'indicizzazione dei campi chiave è senz'altro utile, pertanto la maggior parte dei

RDBMS aggiunge automaticamente gli indici sui campi della chiave primaria delle tabelle.

Un'altra tipologia di indici è quella degli indici *bitmap*, spesso utilizzati nei data warehouse. Tali indici possono apportare notevoli benefici se definiti su campi che possono assumere valori appartenenti ad insiemi caratterizzati da una bassa cardinalità, nell'ambito di tabelle con moltissimi record. Il loro nome deriva dal fatto che associano, ai valori assunti dai campi indicizzati, delle stringhe di bit lunghe quanto il numero dei record presenti nella tabella, che, se posti ad 1, indicano l'effettiva presenza, nello specifico record, di quello specifico valore.

Per comprendere in quali casi possano essere convenienti gli indici bitmap rispetto agli alberi binari, consideriamo, ad esempio, la seguente tabella, denormalizzata, di un data warehouse:

VENDITA (ID, Data, Ora, Città, Quantità, Prodotto).

Supponiamo che le nostre vendite possano avvenire solo in poche città (ad esempio solo cinque città diverse) e che vengano fatte molte operazioni che discriminano i record sulla base della città (cosa che avviene frequentemente per molti campi di una fact table di un data warehouse). Supponiamo, inoltre, che la nostra tabella contenga, in media, due milioni di record. Per velocizzare le operazioni, un normale indice comporterebbe una occupazione di spazio di memoria (la chiave, il puntatore alla riga della tabella e i puntatori per la gestione dell'albero per tutti i due milioni di record, quindi uno spazio nell'ordine delle decine di megabyte) che non avrebbe una valida contropartita: non darebbe praticamente alcun ausilio nella velocizzazione delle operazioni ed inoltre, durante le periodiche operazioni di aggiornamento del data warehouse, la presenza di un tale indice potrebbe rallentare di molto le operazioni (cosa che potrebbe però risolversi nella rimozione e nella ricreazione dell'indice prima e dopo le operazioni di aggiornamento, dato che tali operazioni avvengono, in un data warehouse, normalmente, massivamente in momenti in cui il sistema è scarico). Un indice bitmap, invece, sarebbe costituito semplicemente da cinque stringhe di due milioni di bit (pertanto circa 1 MB di occupazione di memoria, che potrebbe essere tenuto in memoria senza alcun impatto) ed avrebbe una struttura così semplice che accedervi non comporterebbe praticamente alcun onere (non bisognerebbe seguire l'albero), apportando non pochi benefici per le operazioni di interrogazione che coinvolgono quei campi. Peraltro, in casi di frequenti aggiornamenti dei record della tabella (in particolar modo le cancellazioni) l'indice bitmap diventa molto oneroso da gestire. Anche per quest'ultimo motivo, gli indici bitmap trovano applicazione soprattutto nei data warehouse, dove le operazioni di delete o di update sono rare.

Partizionamenti

Il partizionamento di una tabella consiste nella sua suddivisione in due o più elementi fisici diversi, normalmente posizionati su dischi diversi: un'unica entità (o relazione) logica viene fisicamente suddivisa in due o più parti con diverse allocazioni. Ciò può giovare per parallelizzare gli accessi ai dati della tabella, massimizzando il *throughput*. Così come visto per il partizionamento di entità o relazioni durante la fase di progettazione logica, anche durante la fase di progettazione fisica, a seconda del parallelismo che si intende ottenere, è possibile eseguire partizionamenti di due tipi:

- Partizionamento orizzontale: il partizionamento avviene sui record della tabella, ossia vengono distribuite in diverse allocazioni diverse tuple della tabella, complete dei valori di tutti i campi;

- Partizionamento verticale: il partizionamento avviene sui campi della tabella: vengono distribuiti in diverse allocazioni i diversi attributi della tabella.

A seconda del RDBMS, la presenza del partizionamento può essere più o meno trasparente all'utilizzatore del database. I RDBMS più recenti offrono una trasparenza pressoché totale per quanto riguarda il partizionamento delle tabelle: l'utente interroga, difatti, la tabella così come interrogherebbe una tabella non partizionata ed è poi il RDBMS a reperire i dati dalle diverse allocazioni fisiche e a ricomporli, restituendoli all'utente come se provenissero da una normale tabella non partizionata: l'utente non si accorge dell'effettiva distribuzione in più parti delle informazioni. Analoghi discorsi valgono per gli inserimenti e per gli aggiornamenti. La trasparenza offerta dai RDBMS moderni per quel che riguarda il partizionamento consente di poter utilizzare tali tecniche senza che l'utente della base dati debba sapere se le tabelle su cui opera siano partizionate o meno. Ciò è utile anche in fase di tuning prestazionale: è possibile partizionare tabelle le cui dimensioni assumono dimensioni non pronosticabili in fase di progettazione fisica e che non erano state indicate, in tale fase, come candidate al partizionamento, poiché, grazie alla trasparenza, è possibile partizionare tali tabelle senza dover riscrivere le parti di applicazione che ne aggiornano o interrogano i dati.

Viste e viste materializzate

Le viste possono essere pensate come delle *stored query*: a partire da una query più o meno complessa, consentono di trattarne il risultato come una normale tabella. Alcuni RDBMS consentono anche di poter inserire o modificare i dati nelle viste (se sono verificate alcune condizioni, ad esempio l'assenza di operatori aggregati, raggruppamenti, etc.), aggiornando di conseguenza le tabelle sulle quali sono definite. Ogni volta che viene eseguita una query su una vista, viene eseguita la query che sta alla base della definizione della vista stessa; pertanto, una vista non apporta alcun beneficio in termini prestazionali ad una base dati, ma può essere utile per semplificare l'accesso a dati distribuiti su diverse tabelle senza dover ogni volta riscrivere la query, potendo consentire interrogazioni semplici anche a chi non conosce nel dettaglio la struttura del database.

Una vista materializzata è una vista i cui dati sono memorizzati in strutture simili alle normali tabelle di un database; pertanto, non è necessario eseguire ogni volta la query che definisce la vista materializzata se si vuole accedere ai suoi dati. Ciò risulta vantaggioso per query la cui esecuzione è particolarmente onerosa. È chiaro che un simile approccio comporta problemi relativi all'aggiornamento dei dati materializzati al variare dei dati delle tabelle sottostanti. È per tale motivo che le viste materializzate sono utilizzate principalmente nei data warehouse, dove i benefici prestazionali possono essere davvero notevoli, vista l'ingente mole di dati trattati e vista la complessità delle query che normalmente su di essi vengono eseguite; inoltre, per tali sistemi, si può senz'altro rinunciare ad un aggiornamento continuo dei dati materializzati (potrebbe bastare farlo, ad esempio, ogni notte o nei momenti di minor carico del sistema).

www.ingramcontent.com/pod-product-compliance
Lightning Source LLC
Chambersburg PA
CBHW030951240526
45463CB00016B/2334